육아는 과학입니다

과학 기자 아빠의 황당무계 육아탐구생활

육아는 과학입니다

모든 기저귀를 갈아주면서도 뭔가 배움을 갈망하는 사람들을 위한 책

과학적, 의학적, 생물학적 현상으로 가득 찬 경이로운 육아의 세계

아에네아스 루흐 지음 | 장혜경 옮김

비케이북스

이다에게 바칩니다

차례

아이들을 키우다 보면 웃을 일도, 놀랄 일도 참 많지요. 저는 소아과 의사인데도 그래요.

저도 배 위에서 드라마틱한 순간을 경험한 적이 있답니다. 당시 아주 어렸던 우리 막내딸이 갑자기 새파랗게 질리는 겁니다. 아이가 왕꿈틀이 젤리를 삼켰다가 그만 숨이 막힌 것이지요. 순간 눈앞이 캄캄했습니다. 여긴 병원도 없고 육지는 한참 멀었는데 기관절개라도 해야 하나? 온갖 생각이 다 들었습니다. 그래도 억지로 정신을 가다듬은 저는 딸의 목구멍으로 조심조심 손을 집어넣었습니다. 다행히 꿈틀이가 잡혔습니다. 저는 진땀을 흘리며 살살 그놈을 꺼냈습니다. 자칫 서두르다가 툭 끊어지기라도 하면 진짜 큰일이니까요. 드디어 뿅 하고 꿈틀이가 나오자 아이의 혈색이 되돌아왔습니다. 저도 모르게 와락 눈물이 솟구쳤습니다. 우리는 안도하며 서로를 끌어안았죠. 아이가 뭘 삼키면 얼마나 위험한지를 몸소 경험한 순간이었습니다.

이렇듯 아이를 키우다 보면 재미난 일도 많고 희한한 일도 많습니다. 아이가 넷인 저는 일상이 놀랄 일로 가득한 터라, 병원에서 부모님들이 하는 질문을 충분히 이해합니다. 언제나 명확한 이유가 있는 것이 아니고, 또 겉보기엔 아무것도 아닌 일에도 신기한 대답이 숨어 있을 수 있으니까요. 왜 아기 피부는 그렇게 보들보들할까요? 왜 아기는 트림을 시켜야 할까요? 아기에겐 잠수반사 능력이 있나요? 견과가 정말 그렇게 위험할까요? (네 위험합니다. 꿈틀이 젤리도요!)

그래서 저는 우리 아이들을 둘러싼 이 온갖 비밀을 파헤치는 일이 참 흥미롭고도 중요하다고 생각합니다. 그리고 바로 그 일을 이 책이 해내고 있죠. 아에네아스 루흐가 새 책을 쓰는데 의학 자문을 해줄 수 있냐고 물었을 때 저는 흔쾌히 그러겠노라 대답했습니다. 그의 첫 책《고양이 문지르기 혹은 물을 휘는 법*Rubbel die Katz oder wie man Wasser biegt*》을 정말 재미있게 읽었거든요. 복잡한 자연과학 현상을 너무나 이해하기 쉽게 설명하는 데다 매우 정확하기도 하고 게다가 유머가 넘치는 책이었으니까요. 이 책도 다르지 않습니다.

여러분도 아에네아스 루흐의 재미난 글을 만끽해보세요. 한 장 한 장 새로운 육아지식을 쌓아가며 육아의 매력에 푹 잠겨보세요. 아이를 키우는 부모님이라면 더욱 특별한 선물이 될 겁니다. 이 책을 통해 세상을 아이의 눈으로 새롭게 바라볼 수 있을 테니까요.

토마스 뤼케

(보훔 성 요제프 병원 소아과 과장)

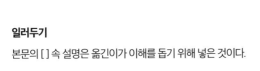

일러두기

본문의 [ ] 속 설명은 옮긴이가 이해를 돕기 위해 넣은 것이다.

1장

바닥에 떨어진 음식, 5초 안에 집어 먹으면 괜찮을까?

밥을 먹고 나면 식탁 밑은 영락없는 돼지우리다. (하긴 애들 있는 집은 온통 돼지우리지만 그래도 밥을 먹은 후의 식탁 밑은 정말 이지 더러워도 너무 더럽다.) 먹다 만 사과조각과 바나나덩어리, 포도알이 굴러다니고 그 옆으로 씹다 뱉은 오이와 파프리카, 뭉개진 치즈와 소시지 조각이 널브러졌고 빵 조각과 부스러기가 사방에 흩어져 있다. 어린아이에게 식사란 중력과의 끝없는 싸움이기도 해서 연신 뭔가가 손에서 떨어지고 입에서 흘러내리는 데다 아기가 재미로 부러 던지거나 뱉어버리기도 한다. 그래서 식사가 끝나고 나면 항상 엄청난 양의 음식이 바닥에 흩어져 있다. 다 모으면 얼마나 될까 따져본 적은 없지만 (아마 결과에 대한 무의식적 공포 탓은 아니었을까?) 어쨌거나 어마어마한 양일 것이다. 식탁 위보다 아래에 음식이 더 많아 보일 때도 있으니까.

떨어진 음식이 침 범벅이거나 씹다 만 것이 아니라면 나는 얼른 다시 집어서 아이 앞에 놓아준다. 손님한테야 권할 것이 못 되지만 애들은 어차피 식사예절을 따지지도 않을뿐더러 밥맛이 있니 없니 위생적이니 아니니 캐물을 것도 아니니까 말이다. 먹어도 되는 음식을 왜 버린단 말인가? 바닥에 잠시 머물렀다는 이유만으로?

그런데 나랑 비슷하게 실용적으로 생각하면서도 시간을 꼼꼼히 따지는 사람들이 적지 않은 것 같다. 음식이 바닥에 머물 수 있는 최장 시간을 엄격하게 지키는 것인데 특히 젊은 부모들 사이에서 이 규칙이 널리 퍼진 것 같다. 바로 '5초 규칙'이다. 그러니까 떨어진 과자, 사과조각을 5초 안에 집어 올리면 걱정 없이 먹어도 된다는 것이다. 심지어 그보다 조금 더 엄격해서 '3초 규칙'을 주장하는 부모들도 있다.

이 규칙의 근거는 바닥에 우글거리는 세균과 병원균이 떨어진 과자로 올라오기까지 시간이 걸린다는 것이다. 그러니까 세균이 아직 올라타지 않은 과자는 위험하지 않으니 먹어도 된다는 것이다. 듣기엔 그럴듯하다. 하지만 진짜 그럴까?

5초 규칙은 합리적 근거가 있을까? 아니면 말도 안 되는 헛소리일까? 세균은 얼마나 빨리 움직일까? 세균이 과자로 접근하기까지 몇 초, 몇 시간, 며칠이나 걸릴까? 아쉽게도 출산준비 강좌에선 이런 문제를 다루지 않았다. 그러니 젊은 부모들에겐 영양가 있는 과학적 대답이 시급한 것이다. 수상쩍은 5초 규칙, 과연 이대로 괜찮은 걸까?

2003년 고등학생이던 줄리언 클라크Jullian Clarke가 미국 일리노이 대학교 미생물학 연구팀에서 실습하면서 바로 이 문제를 추적했다. 5초 규칙이 맞는지 알아내기 위해 그녀는 매끈한 바닥타일과 울퉁불퉁한 바닥타일을 구입해 살균처리를 한 후 가장 흔한 장내세균을 타일에 바르고 그 위에 젤리와 과자를 올려놓았다.

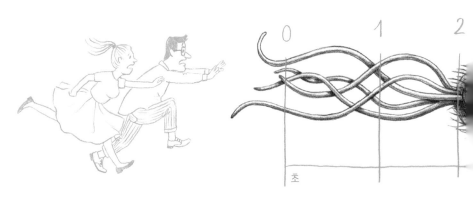

그런 실험에선 대부분 에슈에리치아 콜리*Echerichia coli* 종 박테리아를
사용하는데 이 경우도 그랬
다. 에슈에리치아 콜리는
인간의 대장에서 살며 다
양한 감염질환의 원인이어
서 세계적으로 연간 1억 6,000만
건의 설사병과 100만 건
의 사망을 유발한다.
이 균은 배양이 가능
해 각종 연구에 투
입할 수 있기 때문에
생물학과 의학 실험
에서 꾸준히 애용되
고 있다.

에슈에리치아 콜리

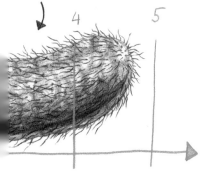

클라크는 세균을 바른 바닥타일에 젤리와 과자를 놓은 후 5분을 기다렸다가 집어 올려서 전자현미경으로 관찰했다. 타일이 매끄럽거나 거칠거니 관계없이 모든 경우에서 과자와 젤리에 세균이 침입했다. 따라서 클라크는 바닥에 떨어진 음식은 5초 내, 혹은 그보다 더 적은 시간 안에 세균에 감염될 수 있다는 결론을 내렸다.

그러니까 5초 규칙은 말도 안 되는 헛소리다? 고등학생 줄리언 클라크의 실험은 그렇다는 암시를 던지지만 아직 신뢰할 만한 답변을 제공하지는 못했다. 그 바닥타일 실험이 재미나고 매력적인 프로젝트여서 클라크에게 이그노벨상Ig nobel prize을 안겨주긴 했지만 권위 있는 과학 연구는 아니었기 때문이다.

이그노벨상은 희한한 과학 연구 결과에 주는 상이다. '명예롭지 않은ignoble'을 연상하게 하는 이름으로 노벨상을 풍자해 '사람들에게 일단 웃음을 주고 그다음에 생각할 거리를 주는 성과'를 치하하는 상이다. 다음과 같은 연구 작업들이 상을 받았다.

-개는 배변을 할 때 몸을 지구자기장

방향으로 둔다

-커피를 들고 걸으면 커피를 쏟는 이유

-침팬지는 엉덩이를 보고 친구를 알아볼 수 있을까?

-익은 달걀을 다시 날달걀로 만드는 방법

　줄리언 클라크의 연구 결과는 앞서 말했듯 신뢰할 수가 없다. 다른 전문가가 검증한 적도 없고 전문잡지에 발표된 적도 없기 때문이다. 일리노이 대학교에서 발행한 교내소식지에만 언급되었을 뿐이다. 덧붙이자면 거기에는 클라크가 원래 건물 바닥에서 그냥 실험을 하려 했지만 실험실이건 강의실이건 기숙사건 식당이건 캠퍼스 전체를 통틀어 그 어디서도 실험에 쓸 만한 양의 박테리아가 검출되지 않아서 포기했다는 내용이 자세히 적혀 있었다. "충격받았어요"라고 답한 한 박사과정생의 말도 인용되었다. 그러니까 교내소식지에 발표된 실험 결과는 젤리와 과자의 세균 오염 결과와 나란히 "대학 건물 바닥이 미생물학적 관점에서 볼 때 매우 청결하다"는 사실도 매우 강조했던 것이다. 그 글을 쓴 사람은 과학적 인식을 알리려는 마음이 더 컸을까? 아니면 실용적 동기를 더 쫓았던 것일까? 하지만 대학 건물 바닥에서 세균이 거의 검출되지 않았다는 사실은 그렇게 법석을 떨 만한 일이 아닐지도 모른다. 세균은 원래 고온다습한 환경을 좋아하므로 차갑고 건조한 건물 바닥에선 애당초 증식이 힘들 테니 말이다.

5초가 지나면 바닥에 떨어진 음식은 세균에 오염될까? 이 질문에 확실히 대답하기 위해선 과자와 젤리로 정확히 몇 마리의 세균이 넘어갔는지에 대한 언급이 필요하다. 그런데 줄리언 클라크의 실험 결과에는 이런 결정적일 수도 있을 세부 언급이 빠졌다. 하지만 그 대신 대학생들을 대상으로 실시한 설문조사 결과가 들어 있다. 그 결과를 보면 여성의 70%, 남성의 56%가 5초 규칙을 알고 있고 대부분은 음식이 땅에 떨어지면 그 규칙을 적용한다고 응답했다. 여성이 남성보다 더 많이 집어 먹었고, 모두가 브로콜리나 콜리플라워보다는 과자를 더 많이 집어 먹었다. 사실 이건 그리 놀랄 일이 아니다.

그로부터 약 10년이 지난 2014년에 영국 버밍엄의 생물학과 대학생들이 역시나 5초 규칙을 연구하겠다고 팔을 걷어붙였다. 이들은 설문지를 이용해 '바닥에 떨어진 음식'을 대하는 사람들의 태도를 검증했다. 500명에게 설문조사를 실시했는데 그중 87%가 떨어진 음식을 집어 먹는다고 답했다. 그리고 그중 대부분의 여성이 5초 규칙을 지킨다고 대답했다. 더 나아가 이 대학생들은 바닥의 세균이 음식으로 얼마나 잘 이동하는지도 함께 조사했는데 이를 위해 두 가지 흔히 볼 수 있는 박테리아 종을 사용했다. 에슈에리치아 콜리(앞서 미국의 고등학생도 사용했던 그 유명한 장내세균)와 황색포도상구균(우리 피부에 살고 그 밖에도 어디서나 출몰하는 세균으로 보통은 질병 증상을 일으키지 않지만 가끔 종기, 폐렴, 심장염증, 패혈증을 일으킬 수 있다)이었다.

대학생들은 양탄자, 마루, 타일 등 여러 종류의 바닥에 세균을 배양한 후 토스트, 파스타면, 과자, 끈적이는 단것을 그 위에 올려놓고 각기 3초 후와 30초 후에 음식으로 세균이 얼마나 많이 옮겨왔는지를 조사했다. 과연 실제로 시간이 관건이었다. 3초 후에는 세균 숫자가 적었지만 30초 후에는 훨씬 늘어났다. 그뿐 아니라 바닥 재질도 중요했다. 마루와 타일 같은 매끈한 바닥에선 세균이 쉽게 이동했지만 양탄자에선 이동이 쉽지 않았다.

그러니까 5초 규칙이 옳다는 것인가? 아쉽게도 영국 대학생들 역시 믿을 만한 대답을 주지는 못했다. 그들 역시 전문 학술지에는 감히 근접하지 못하고 애스턴 대학교 교내소식지에만 실험 결과를 발표했기 때문이다. (물론 여기엔 자기 대학 건물 바닥의 우수성이 언급되지 않았다.)

그리하여 바닥의 세균이 얼마나 빨리 음식으로 이동하는지를 과학적으로 조사하여 한 치의 의혹도 없이 밝혀낼 필요성이 대두되었다. 2016년 이 위업을 달성한 이는 뉴저지의 럿거스 대학교 미생물학자인 로빈 미란다Robyn Miranda와 도널드 샤프너Donald Schaffner였고, 이번에는 연구 결과가 대학 교내소식지뿐 아니라 미국 미생물학회에서 발행하는 전문잡지《응용 환경 미생물학*Applied and Environmental Microbiology*》에도 당당히 실렸다. 이 두 미생물학자는 연구를 통해 결론을 내렸다. 5초 규칙은 틀렸다고!

두 사람은 입증된 레서피대로 실험을 실시했다. 바닥에 세균을 바른 다음 음식을 떨어뜨리고 일정한 시간이 지난 후 몇 마리의 세균이 음식에 우글거리는지를 세었다. 이들이 고른 박테리아 종은 클레브시엘라 아에로제네스로, 인체에 해가 없는 살모넬라의 친척이다. 두 사람은 이 세균을 강철, 세라믹 타일, 목재 바닥과 양탄자에 발랐다. 그리고 각 바닥에 수박 조각, 빵, 버터 바른 빵, 꿈틀이 젤리를 떨어뜨린 후 시간을 달리하여 떨어뜨리자마자, 5초 후, 30초 후, 그리고 무려 5분 후에 다시 집어 올린 다음 실험실에서 세균 숫자를 살펴보았다. 각 실험을 여러 차례 반복했으니 이 두 과학자도 젊은 부모들 못지않게 음식을 집어 올리는 데만 상당한 시간과 노력을 투자한 셈이다.

결과를 보니 모든 것이 다 세균의 이동에 영향을 미쳤다. 음식의 종류, 시간, 바닥재 성질까지 모두가 다 영향 요인이었다. 모든 경우를 다 커버하는 간단명료한 규칙은 존재하지 않았다. 음식이 바닥에 놓인 시간이 길어질수록 세균의 이동도 늘어났지만, 수박의 경우는 실제로 바닥에 닿자마자 바로 세균이 우글우글했다. 수박은 표면에 수분이 많아서 세균이 살기 좋은 환경인 데다 바닥에 찰싹 달라붙기 때문이다. 따라서 바닥에 닿자마자 수박 전체에서 세균이 우글거렸다. 세균은 5초를 기다릴 만큼 그렇게 예의가 바르고 게으른 종족이 아닌 것이다. 이 사례가 입증하듯 5초 규칙은 틀렸다.

빵의 경우 버터를 바르건 안 바르건 세균의 이동이 조금 더 뎠고, 꿈틀이 젤리는 제일 느렸다. 나아가 버밍엄의 대학생들이 이미 밝혀냈던 사실도 재확인되었다. 떨어진 음식을 다시 집어서 먹기에 제일 좋은 바닥재는 역시나 양탄자였다. (주방 인테리어를 고민 중이라면 이 과학적 인식을 참고하기 바란다.) 양탄자는 스마트폰만큼이나 비위생적이긴 하지만 그래도 거칠고 울퉁불퉁한 섬유에 세균이 끼어서 갇히게 된다.

2007년에 발표된 연구 결과도 비슷하다. 양탄자에 모차렐라치즈 조각을 떨어뜨렸더니 나무 바닥에 떨어뜨렸을 때보다 훨씬 세균 오염이 적었다.

그렇다면 바닥에 떨어진 과자는 얼른 집어 다시 아이 입에 넣어줘도 되는 걸까? 과학의 대답은 '아니요'이다. 첫째, 5초 규칙은 미신이다. 근거가 없기에 믿어서는 안 된다. 세균은 시계를 보지 않기 때문이다. 둘째, 바닥에 떨어진 음식을 먹어서 병에 걸리는지는 전혀 다른 문제다. 그것은 바닥의 오염 정도와 거기 사는 세균의 종류에 달려 있다. 우리 인체는 많은 종류의 세균을 거뜬히 이겨내지만, 몇 종의 경우 아주 소량으로도 심한 설사와 고열, 염증은 물론이고 중독을 일으킬 수 있다. 그러니 가령 지하철이나 기차역 화장실에서 바닥에 떨어뜨린 귤은 시간의 경과와 관계없이 절대로 아이 입에 넣어서는 안 된다.

그래도 당신이 간단하고 실용적이며 언제 어디서나 통하는 규칙을 꼭 내어놓으라고 우긴다면 나는 하는 수 없이 '0초 규칙'을 권할 수밖에 없겠다. 의심스러운 경우엔 0초 이상 땅에 머문 음식은 절대 먹어서는 안 된다. 수박의 사례가 입증했듯 바닥에 떨어진 음식이 채 1초도 안 되는 짧은 시간 안에 세균 범벅이 될 수 있기 때문이다. 0초 규칙이 한심하다고 생각된다면 자신의 판단을 믿어야 할 것이다. 그 판단의 목소리가 우리 집 거실의 깨끗한 바닥에 떨어진 바삭한 과자는 먹어도 되지만 공중화장실 바닥에 떨어진 미끈거리는 망고 조각은 먹지 말라고 속삭일 테니 말이다.

하지만 더러운 것이라고 해서 전부 건강에 해롭지는 않다. 농촌에서 자라서 진흙이나 세균, 바이러스, 벌레를 예사로 만지고 노는 아이들은 알레르기에 잘 걸리지 않는다. 그 이유가 무엇인지, 그것이

고무젖꼭지랑 무슨 상관이 있는지는 〈14장 엄마 아빠의 침이 살균 소독에 효과가 있다고?〉에서 설명할 것이다.

　세균이 바닥표면에서 음식으로 어떻게 이동하는지를 추적한 학자는 2016년 뉴저지의 미생물학자들이 처음은 아니었다. 좀 희한하기는 해도 어쨌거나 우리 건강과 일상과 관련이 있는 주제이니만큼 그 이전에도 세균이 어떻게 바닥표면에 우글거리며, 거기서 어떻게 이동하는지를 밝히려 노력한 학자들이 적지 않았다. 가령 2013년에 나온 논문 제목은 재미나게도 〈방금 자른 과일 및 채소에서 일반적인 부엌 바닥으로 살모넬라와 에슈에리치아 콜리가 이동하는 비율의 평가〉이며, 2003년에 나온 논문 제목은 〈스테인리스 스틸에서 로메인상추로 살모넬라와 캄필로박터의 이동〉이었다. 정말로 호기심을 자극하는 제목이지 않은가?

　뉴저지의 미생물학자들은 논문에서 이런 연구 다수가 각기 다른 결과를 내놓았다고 적었다. 일반인들에게는 이상한 말 같지만 학계에선 아주 흔한 일이다. 그래서 연구 결과들을 서로 비교하기란 쉬운 일이 아니다. 실험 방식이 각기 다르다 보니 세세한 부분에서 차이가 나기 때문이다. 가령 세균의 방랑벽은 바닥의 재질과 떨어진 음식물의 종류, 접촉 시간, 세균을 배양한 방식에 따라 달라졌고, 떨어진 음식물이 바닥에 달라붙었는지 아닌지도 중요한 역할을 했다. 당연히 실험을 얼마나 반복했는지, 세균의 이동을 어떻게 측정했는지, 자료를 어떻게 통계분석했는지도 결과에 영향을 미쳤다. 이렇듯 차이가 많아서 연구 결과를 서로 비교하기란 실질적으로 힘들다. 좀 어이없다는 생각이 들지만(학자들도 그렇게 생각한다) 어쩔 수 없는 일이다.

뉴저지의 미생물학자들이 발표한 결과에 따르면 5초 규칙은 틀렸다. 그런데 대체 그 규칙은 어디서 왔을까? 누가 만들었을까? 미국 식품학자 폴 도슨 Paul Dawson은 그 규칙의 시조가 13세기에 중앙아시아의 넓은 땅을 정복했던 몽골의 지배자 칭기즈칸이라고 주장한다. 장군들을 초빙한 연회자리에서 칭기즈칸이 '칸 규칙'을 도입했다는데, 음식이 땅에 떨어져도 칸이 뭐라고 하지 않으면 내버려둬도 된다는 규칙이었다고 한다. 그러고 보면 칭기즈칸은 위생 문제에선 별 까탈을 부리지 않았던 모양이다.

칭기즈칸은 정복에만 관심이 있었던 건 아닌지 자식도 엄청나게 낳았다. 수많은 아들과 손자들 역시 그 점에선 어찌나 부지런했던지 현재 살아 있는 칭기즈칸의 남자 후손이 약 1,600만 명으로 추정된다. 물론 이 숫자는 논란의 여지가 있다. 중국 동북부와 우즈베키스탄에 사는 남성의 약 8%, 앞서 말했던 1,600만 명의 Y염색체에 칭기즈칸의 시대로 거슬러 올라가는 특정한 유전적 특징이 있기는 하다. 그러니까 칸과 그 아들들이 그 특징을 아시아에 널리 퍼트렸을 수 있는 것이다. 하지만 이 사실을 확실히 입증하기까지는 당연히 추가 연구가 필요할 것이다.

도슨이 한 기사에서 주장했듯, TV에도 출연하고 요리책도 쓴 유명한 요리사 줄리아 차일드Julia Child도 5초 규칙의 탄생에 살짝 기여했을지 모른다. 그녀가 TV 프로그램에서 요리를 하다가 양고기를 땅에 떨어뜨리고는 시청자들을 보면서 이렇게 말했다고 한다. "부엌에 혼자 있으면 손님들은 몰라요." 그 고기가 닭고기였다는 버전도 있고 칠면조였다는 또 다른 버전도 있지만, 아마도 진실은 차일드가 감자 팬케이크를 뒤집다가 실수로 레인지의 철판에 떨어뜨렸는데 모르는 척 얼른 집어 다시 프라이팬에 넣었단 정도는 아닐까.

2장

갓난아기는 정말 저절로 수영이 될까?

유아수영이 젊은 부모들 사이에서 유행이다. 그래서 아내와 나도 생후 5개월이던 딸아이를 유아수영교실에 등록해야 하나 고민한 적이 있다. 결정을 내리기에 앞서 그런 강좌가 어떤 식으로 진행되는지를 보고 싶어서 우리는 인터넷에 들어가 해당 업체의 광고영상을 살펴보았다. 영상에선 유아수영이 운동신경을 키우고 부모와 자식의 애착을 강화하며 재미와 자신감을 선사한다고 선전했다. 심지어 "기적의 훈련"이라는 단어도 사용했는데 영 틀린 말은 아닌 것 같았다.

광고영상에선 수업의 진행 과정도 볼 수 있었다. 수영장에 들어간 엄마와 아기들이 보였고 가끔 가뭄에 콩 나듯 아빠도 끼어 있었다. 엄마들이 손으로 아기를 받치고선 물속에서 이리저리 흔들고 작은 물뿌리개로 아기에게 물을 뿌렸고 즐거운 동요를 함께 불렀다. 이런 엄마의 노력에 대한 아기들의 반응은 각양각색이었다. 신이 난 아기도 있었지만 아무 관심 없다는 듯 뚱한 아기들도 많았다. (초보 부모라면 특별한 여가 활동에 대한 그런 뚱한 반응이 사춘기는 되어야 시작된다고 생각하기 쉽지만 그렇지 않다. 만사 귀찮다는 시큰둥한 반응은 아기 때부터도 매우 자주 목격할 수 있다.) 그래도 거기까지는 괜찮아 보였다. 하지만 다음 장면에서 나는 고개를 갸우뚱했다. 몇몇 엄마들이 있는 힘을 다해 아기를 물에 집어넣었다가 저래도 되나 싶게 한참 있다가 꺼내는 것이었다. 수중 카메라에 비친 아기들은 충격을 받았다고 하면 좀 호들갑이지만 어쨌든 깜짝 놀란 표정으로 눈을 크게 뜨고 있었다.

그 영상을 보고 나자 의심이 밀려들었다. 우리 아기가 저런 수업을 아무 탈 없이 마칠 수 있을까? 물에 들어가면 숨을 참을 줄 알까? 혹시 이때의 경험이 평생의 트라우마로 남지 않을까? 초등학교 시절 단체로 수영장에 갔던 날이 떠올랐다. 껄렁대는 친구들이 나를 물속으로 밀어 넣는 바람에 숨이 차서 죽는 줄 알았다. 그런 짓을 내 아기에게 하잔 말인가? 돈까지 내고서?

하지만 아기들은 물을 좋아한다는 소리를 들은 적이 있다. 따지고 보면 9개월 동안 양수에서 살았으니 물속이 어떤지를 엄마 배 속에서부터 알았을 것이다.

세상 모든 부모가 그렇듯 나 역시 당연히 자식에게 최고를 주고 싶다. 거기에 트렌디하다는 인상까지 풍길 수 있다면 더할 나위가 없다. 록밴드 너바나의 걸작 앨범 〈네버마인드 nevermind〉 커버를 장식한 유명한 사진이 생각났다. 물에 들어갔는데도 전혀 불만스러워 보이지 않는 아기였다. 심지어 물속을 아주 편안해하는 듯했다. 하지만 아무리 그래도 불안한 마음이 싹 가시지는 않았다. 모든 것은 하나의 질문으로 귀결되었다. 아기들에게 정말로 잠수반사가 있을까?

학자들은 특정 상황에서 어떤 일이 벌어지는지를 모를 경우 실험을 한다. 내게도 그럴 가능성이 있었다. 아기도 있고 물도 있으니 유아수영 실험에 필요한 요소는 다 갖춘 셈이었다. (정 안 되면 남의 아기를 데리고 실험하면 될 것이다.) 하지만 나는 너바나 같은 펑크족과는 다르다. 다행히 아기가 물에 들어가도 위험이 없는지를 나보다 앞서 고민한 사람들이 없지 않았다. 학자들 중에도 이런 질문을 던진 이가 많았는데, 그들이 밝혀낸 사실은 대단히 매력적이다. 물에 들어간 아기는 잠수반사뿐 아니라 다양한 반응을 보인다. 호흡이 멈추고 심장박동이 느려지며 혈관이 좁아지고 비장이 수축하며 후두가 닫히

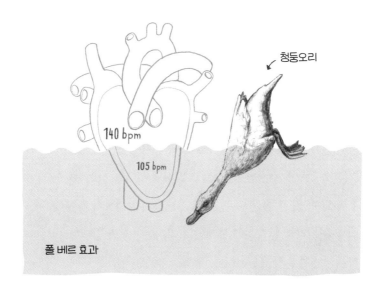

청둥오리

140 bpm

105 bpm

폴 베르 효과

는 것이다.

하지만 전문가들이 '잠수반사'라고 말할 때는 우선적으로 심장박동이 느려지는 효과만을 지칭한다. 이런 현상은 아기에게서만 볼 수 있는 것이 아니다. 1870년 무렵 프랑스 의학자 폴 베르Paul Bert는 머리를 물에 담근 오리의 맥박이 떨어진다는 사실을 밝혀냈다. (세상만사에 관심이 있으면 이런 걸 발견하기도 한다.)

잠수부가 너무 빨리 물 위로 올라오면 위험한 이유를 밝혀낸 이도 폴 베르다. 물속에 있으면 혈액의 질소가 자꾸만 용해되기 때문에 너무 급하게 물 위로 올라오면 혈관에 기포가 생길 수 있다. 그 기포가 혈액 공급을 차단할 수 있는 것이다. 폴 베르는 또 기구를 타고 너무 높이 오르면 힘든 이유가 기압이 낮아지이기도 하지만 공기 중에 산소가 적기 때문이라는 사실도 발견했다. 더불어 그는 그 반대가 되면 어떻게 되는지도 알아냈다. 즉 공기 중에 산소가 너무 많으면 산소중독이 일어난다는 사실도 밝혀낸 것이다. 산소중독이 되면 구역질, 이명, 고열, 흥분, 불안, 착란 현상이 발생한다. 학자들은 그의 공을 기려 이런 효과에 폴 베르 효과라는 이름을 붙였다. 이는 의학계의 흔한 존경 표현법이다.

물속에서는 저절로 맥박이 떨어진다. 그것이 '반사reflex'이다. 포유류에서도 나타나는 현상이니 당연히 인간에게도 나타나는데 아주 어린 인간, 즉 아기한테서는 특히 더 뚜렷하다. 스웨덴의 소아과 의사들이 실험을 통해 물속에 들어가면 몇 초 지나지 않아 아기의 심장박동이 현격히 떨어진다는 사실을 밝혀냈다. 분당 평균 약 140회이던 박동이 약 105회로 줄어들었던 것이다. 달리 표현하면 물속에선 아기의 심장이 갑자기 25% 느리게 뛴다는 말이다. 이 연구 결과는 심장박동이 줄어드는 정도가 아기의 연령에 좌우된다는 사실도 밝혀냈다. 아기가 어릴수록 더 급격히 심장박동이 줄어들었다.

분당 35회, 무려 25%나 줄어든다니, 부모가 듣기엔 너무나도 극적인 변화지만 실제로는 그 정도로 극적이지는 않다. 동물의 세계를 둘러보면 평균적인 아기보다 더 자주, 더 깊이, 더 오래 잠수하는 동물들의 경우 잠수반사도 더 극명하기 때문이다. 가령 물개는 잠수를 하면 심장박동이 분당 최고 10회로까지 감소한다. 물개는 매우 자주, 매우 오래 잠수를 하기 때문에 사실상 쉬지 않고 잠수 훈련을 하는 셈이다. 인간도 심장박동을 평균 이상으로 심하게 떨어뜨릴 수는 있지만 집중 훈련이 필요하다. 가령 잠수 장비 없이 물속 깊이 들어가서 숨을 참는 프리다이버들은 분당 20회 아래로 심장박동을 줄일 수 있다. 그러니까 심장이 3초에 한 번만 뛰는 것이다. 내가 그 정도로 느리게 맥박이 뛴다면 나는 아마 벌써 저승에 발을 들였을 것이다.

물 밑으로 들어가면 심장만 느려지는 게 아니다. 앞서 말했듯 우리 몸은 몇 가지 다른 자동 반응을 함께 보인다. 첫째 혈액 분배가 달라진다. 심장, 폐, 두뇌 등 인체 주요 부위로 혈액과 산소를 더 많이 공급하기 위해 혈관이 좁아지고 혈액이 손가락과 발가락에서 머리와 상체로 몰려온다. (이건 충분히 이해할 만하다. 손가락과 두뇌 중 어느 걸 포기하겠는가?)

물에서 다리의 피가 몸통으로 모이는 데는 물리적인 이유도 있다. 육지에선 많은 양의 피가 다리 쪽으로 내려온다. 하지만 잠수를 하면 수압이 이런 현상을 방해한다. 수압이 정맥을 짓눌러 그 안에 있는 피를 쥐어짠다고 말할 수 있을 것이다. 그 결과 엄청난 양의 피가 다리에서 위로 올라오는데, 그 양이 최고 1리터에 이르기도 한다. 그래서 재미난 결과가 생긴다. 심장의 심방은 심장으로 흘러들어오는 피가 모이는 곳이다. 거기서 피가 시냅브로 심실로 넘어가서 다시 온몸으로 이동한다. 심방에는 신체의 수분량을 감시하는 센서가 있다. 그래서 우리가 물속으로 들어가 심실에 평소보다 훨씬 많은 피가 모이면 그 센서들이 몸에 수분이 너무 많으니까 얼른 수분을 제거해야겠다고 생각해 경보를 울린다. 그리고 그에 필요한 조치를 한다. 그 결과가 바로 격심한 요의이다. 전문가들은 이것을 '잠수부 이뇨'라고 부른다. 하긴 저 아래 차가운 물에선 그런 현상이 아주 쾌적하게 느껴질 수도 있다. 허벅지가 갑자기 뜨끈해질 테니 말이다. 딴말이지만 전문가들은 밥맛 떨어지는 현상을 전혀 밥맛 떨어지지 않게, 아주 멋지게 들리도록 설명하는 재주가 있다. 그래서 잠수부 이뇨효과도 다음과 같이 멋들어지게 설명할 줄 안다. "잠수부 이뇨효과란 심방 팽창으로 인해 이뇨작용을 하는 심방 나트륨이뇨펩타이드가 분비되며 동시에 바소프레신의 분비가 저지되어 나트륨뇨 배설 항진과 수분 이뇨를 동반한 사구체 여과율이 증가한 결과이다."

거기서 멈추지 않고 비장도 수축해 적혈구를 신진대사에 끌어들이기 때문에 혈액이 더 많은 산소를 운반할 수 있다. 이 현상은 매우 실용적이다. 물속에선 폐호흡에 필요한 산소가 부족하기 때문이다.

아기의 비장과 심장이 하는 일도 흥미진진하겠지만 수영장을 에워싼 젊은 부모들이 제일 알고 싶은 문제는 따로 있다. 그들이 진짜로 알고 싶은 것은 바로 이것이다. 과연 내 아이가 물속에서 숨을 참을 거라고 확신할 수 있을까? 대답은 다행히 안심할 만하다. "네. 아기들은 숨을 참을 수 있습니다." 아기들은 얼굴이 젖으면 저절로 호흡과 동작을 멈춘다. 이런 반사 역시 잠수반사라고 부른다. 하지만 조금 더 정확성을 따지는 사람들은 '호흡보호반사'라고 부른다.

아기의 호흡보호반사는 물속에서만 일어나는 현상이 아니다. 아기의 얼굴에 숨을 후 불어도 같은 반사작용이 일어난다. 따라서 우는 아기의 얼굴에 힘껏 숨을 불면 도움이 될 수도 있다. 호흡보호반사가 일어나 아기가 잠깐 숨을 멈추느라 울음도 그치는 것이다. 운이 좋으면 울던 아기가 그대로 울음을 그칠 수 있다.

아쉽게도 이 반사는 오래 지속되지 않는다. 브라질의 학자들이 생후 1개월에서 12개월까지의 아기 33명을 조사해봤더니 호흡보호반사는 6개월 이후 감소했다. 물론 돌이 될 때까지는 대부분의 아기에게서 반사가 확인되지만 돌이 지나면 서서히 자취를 감추고 만다. (그러니까 네 살짜리 아이가 떼를 부린다고 해서 볼을 부풀려 얼굴에 훅 하고 불어봤자 아무 소용이 없다.) 어른은 호흡보호반사가 아예 없다. 누군가가 내 얼굴에 훅 하고 숨을 불면 어떤 경험을 하게 되는지를 연구한 논문을 어디서도 찾을 수 없는 이유 역시 아마 그 때문일 것이다. (굳이 추측해보자면 구역질이나 짜증이 치밀지 않을까 싶다. 무대에 설치한 강풍기 바람 탓에 머리가 엉망이 되어본 적 있는 록 가수나 오디션 프로 참가자에게 물어볼 수는 있겠지만, 적어도 그들이 숨을 멈추는 것 같진 않다.)

물에 들어간 아기들에게로 다시 돌아가보자. 이 아이들에겐 (전문가들의 의견이 완벽히 일치하는 것은 아니지만) 또 다른 반사가 나타나는 것 같다. 이름하여 성대문폐쇄반사, 즉 후두에 있는 성대 사이의 틈인 성대문을 닫아서 물을 들이마시지 않게 막아주는 반사이다. 이 반사는 물이건 침이건 혈액이건, 수분이 전혀 들어오지 못하도록 틈을 막아버린다. 후두는 수분이 들어가서는 안 되는 곳이기 때문이다. 아이들은 병원에서 마취를 하는 경우에 후두경련이 일어날 수도 있는데, 특정 마취약품의 부작용 때문이다. (당신이 약학에 관심이 좀 있다면, 그 약품의 성분이 케타민이라는 것을 알 것이다. 약학에 관심이 매우 지대하다면 아마 그 약품도 알고 있을 것이다. 그 약품은 '스페셜K'라는 이름으로 마약으로 복용되며 영국에서는 두 번째로 위험한 마약 등급으로 분류한다.)

그러니까 물속으로 들어간 아이들의 몸에선 대단히 인상적인 비상 프로그램이 돌아가는 셈이다. 반응 전체는 저절로 일어나며, 추위와 습기에 반응하는 얼굴의 센서를 통해 유발된다. 이 센서들은 특정 신경에 속하는 감각세포들인데, 이 신경은 두뇌에서 시작되어 얼굴에서 세 갈래로 갈라지기 때문에 '삼차신경Trigeminus / trigeminal nerve'이라고 부른다.

삼차신경의 첫 번째 갈래는 눈 위에서 이마로 흐르고, 두 번째는 그 아래쪽에서 위턱으로 꺾이며, 세 번째는 완전 아래로 향해 아래턱으로 이어진다. 인간의 얼굴에는 사실상 곳곳에 습기 센서가 있는 셈이다. 따라서 잠수용 마스크를 쓴 사람은 잠수 반사도 약하게 나타난다. 마스크가 센서를 덮어서, 나뭇잎이 빗물감지 센서에 달라붙은 자동차 와이퍼처럼 되는 것이다.

삼차신경

아기가 물에 들어갔을 때 나타나는 온갖 현상을 '잠수반사'라는 단어로 아우르는 건 상당히 비실용적이다. 아기는 물에 들어가면 심장박동이 느려지고 혈관이 좁아지며 비장이 오그라들고 숨이 멎거나 후두가 막힌다. 그래서 보다 상세한 이야기를 나누고 싶을 때는 먼저 어떤 반응을 말하는지부터 정확히 밝혀야 한다. 이럴 때는 두 가지 방법이 있다. 그냥 그게 뭔지를 말하거나 아니면 멋진 전문용어를 사용하는 것이다. 어차피 같은 말이지만 전문용어를 쓰면 왠지 더 똑똑해 보이는 효과를 거둘 수 있다. 서맥(심장박동이 느려짐), 혈관수축(혈관이 좁아짐), 비장수축(비장이 오그라듦), 호흡정지(숨이 멎음), 후두폐쇄(후두가 막힘) 같은 괜히 쓸데없이 어려운 말들 말이다.

아기가 물에 들어가자마자 이런 온갖 자동반응을 보인다고 해서 아기는 절대 익사하지 않는다고 생각하면 큰 잘못이다. 잠수반사는 잠수 자격증이 아니다. 아기가 물속에서 하는 행동은 수영처럼 보이지만 수영이 아니다. 아기는 그저 반사적인 동작을 할 뿐이다. 아기는 수영을 할 줄 모른다. 수영을 하기에는 신체 협응력과 근력이 부족하다. 제대로 앉지도 못하는 아기가 무슨 근력이 있겠는가. 독일 전국아동안전네트워크 '아이들을 더 안전하게'는 3세 이하 아동은 5센티미터 깊이의 얕은 물에서도 익사할 수 있다는 점을 지적한다. 설문조사 결과를 보면 많은 부모가 그 사실을 모르고 있다. 아이들이 얕은 물에서도 생명을 잃을 수 있는 이유는 비극적이게도 다름 아닌 성대문폐쇄반사 때문이다. 다른 상황에서는 질식을 막아주는 바로 이 반사가 오히려 질식을 일으킬 수 있는 것이다. 아기는 얼굴이 물속으로 들어가면 호흡이 중지되고 후두가 막혀서 일종의 쇼크 마비 상태에 빠진다. 그래서 폐에 물 한 방울 안 들어갔는데도 질식할 수 있다.

따라서 전문가들은 익사가 생각보다 쉽게 일어나는 사고라고 경고한다. 아이들은 보통 익사 위기에도 도와달라고 비명을 지르지 않는다. 손발을 휘젓거나 버둥대지도 않는다. 그냥 조용히 숨을 멈춘다. 그러니 나로서도 전문가들의 경고에 동조할 수밖에 없다. 익사는 가장 흔한 소아 사망원인 중 하나이므로 정원에 연못이나 빗물받이통이 있다면 안전조치를 취하고, 아무리 얕은 물이라도 절대 아이 혼자 물가에 두지 말아야 한다. 그게 아니더라도 '독일 생명구조협회'는 아기를 절대 잠수시키지 말라고 권고한다.

그러니 어째야 할까? 유아수영교실에 가야 할까? 아니면 그냥 집에 있어야 할까? 분명한 건 수영교실을 의심할 만한 과학적 논거가 있다는 사실이다.

유아수영은 진화의 관점에서 보아도 의심스럽다. 인간은 육지 생물이다. 우리 조상(그러니까 우리의 진짜진짜 까마득한 선대 조상인 물고기)들이 40억 년 전쯤 물을 떠났던 데는 분명 나름의 이유가 있었을 것이다. 그런데 이제 와서 그 후손들이 굳이 아기를 다시 물속으로 돌려보내야 할 이유가 있을까?

아기는 잠수반사가 있어도 물을 들이마실 수 있고, 그렇게 되면 '체수분과 전해질의 균형'이 깨질 수 있다. 게다가 물속에 있을 때나 수영을 마친 후 얼른 닦아주고 보온을 해주지 않을 때 쉽게 저체온에 빠질 수 있다. 나아가 '독일 건강과 환경 연구센터'의 장기 연구 결과를 보면 유아수영에 참가한 아기들은 돌 무렵까지 설사와 중이염에 더 자주 걸린다고 한다. 이런 위험을 잘 따져 장점과 비교해보아야 할 것이다. 물에서 놀면 운동신경과 협응력이 향상되기 때문에 신체 감각 발달에 유익하다. 또 부모와 아기가 함께 철벙거리고 놀면 애착도 커지고 신도 난다. 우리 아이와 나도 과연 그럴 수 있을까? 알고 싶다면 방법은 하나뿐이다. 직접 시험해보는 수밖에. 아, 물론 (애먼 남의 아기 괴롭히지 말고) 자기 아기하고만!

3장

보들보들
아기 피부의 비밀은?

아기를 어루만지면 기분이 좋아진다. 흠잡을 데 없는 그 여린 피부는 비단결처럼 부드럽고 볼그레하며 매끄럽다. 그래서 아기와 뺨을 맞대거나 그 작은 손과 발을 조몰락거리다 보면 세상 근심이 다 사라진다.

그렇지만 흔히 말하는 '아기 엉덩이 같은 피부'는 절대 갖고 싶지 않다. 그런 말을 하는 사람은 분명 아기 엉덩이를 한 번도 본 적이 없을 것이다. 아기 엉덩이는 상처가 잘 나고 (기저귀발진 탓에) 빨개지고 짓무르고 붓고 물집이나 종기가 잘 생긴다. 그런 피부를 원하는 사람이 과연 있을까? 그러니 '아기 엉덩이'란 말 대신 '아기 등'이나 '아기 허벅지' 같은 표현을 쓰는 게 더 적당할 것이다. 온종일 기저귀로 고생하는 신체 부위만 빼면 아기 피부는 대체로 정말 아주 부드럽고 깨끗하니까 말이다.

우리 어른들의 피부는 얼마나 다른지 모른다. 특히 나이가 들수록 더 그렇다. 얼굴은 주름이 잡히고 피부는 축 늘어지고 여드름에 사마귀며 점도 수두룩해서 피부만 봐도 아, 내가 늙었구나! 절로 한탄이 터져 나온다. 왜 우리는 아기처럼 보드랍고 깨끗한 피부를 평생 간직할 수 없는 걸까? 왜 나이가 들면 피부가 거칠어질까? 왜 아기 피부는 그렇게 보드라울까? 대체 그 비밀이 뭘까?

피부조직은 아기나 어른이나 차이가 없다. 피부는 아기와 어른을 구분하지 않고 세 개의 층으로 이루어진다. 표피, 진피, 피하조직이 그것이다.

표피는 제일 바깥층이다. 그러니까 우리 몸과 세상의 경계선이다. 표피는 대부분 종이보다 얇지만 몇 군데, 가령 발바닥이나 손바닥 같은 곳은 몇 밀리미터 두께가 될 수도 있다. 표피는 의학용어로 에피데르미스epidermis이고(그리스 레스토랑 이름 같은데, 길을 가다가 진짜로 그런 이름의 레스토랑을 발견하거든 발길을 돌리시라 권하고 싶다), 그 자체가 다시 여러 개의 층으로 이루어져 있다.

　여기서 해부학적 지식과 라틴어에서 유래한 전문용어로 따분한 분위기를 조성하고 싶지는 않지만 그래도 표피의 세일 바깥 부위는 소개해야 할 것 같다. 아주 특별한 역할을 하기 때문이다. 각질층stratum corneum이라 부르는 이 부위는 우리 몸의 가장 바깥 경계로, 체내에서 뭔가가 빠져나가거나 외부의 것이 체내로 침입하는 것을 막아주는 굳건한 외벽이다. 각질층은 다시 16개 층으로 나뉘는데 딱딱하고 납작한 세포들이 그 안에 겹겹이 쌓여 있다. 각질층을 일종의 방어벽으로 본다면 이 세포들은 벽을 쌓은 벽돌이다. 그 벽돌들 사이로 지방과 수분이 숨어든다. 벽의 비유를 이어가자면 회반죽이라 생각하면 될 것이다. 이 외벽은 쉬지 않고 보수작업이 진행되기 때문에 떨어져나가고 채워지기를 반복한다. 즉 각질화된 세포들 중 가장 바깥쪽 세포, 즉 망가진 벽돌이 떨어져나가고 싱싱한 새 세포가 그 자리를 메우는 것이다. 이를 두고 표피탈락, 박리라 부르고 전문용어로는 낙설desquamation이라 한다.

　표피의 더 아래쪽, 즉 각질층 밑에도 다른 층들이 많이 숨어 있다. 대표적인 것이 흔히 멜라닌이라 부르는 갈색 색소를 생산하는 색소세포다. 멜라닌은 우리의 피부색을 조절하며, 햇볕을 많이 쬐면 피부가 갈색이 되는 것도 이 멜라닌 때문이다.

　두 번째이자 가운데 피부층은 진피dermis이다. 세 개의 피부층 중에서 제일 두꺼우며 상당히 많은 것을 담고 있다. 피부의 안정성과 탄력을 유지하는 결합조직섬유, 피부에 영양을 공급하고 체온을 조절하는 혈관, 모근은 물론이고 압박·접촉·통증을 느끼는 곳인 신경말단도 모두 다 진피에 있다. 또 피부 표면의 건조를 막아주는 땀샘과 피지선도 진피에 있다. 앞서 언급한 벽의 비유를 다시 들자면 외벽 안으로 들어와서 전선과 수도관이 지나가는 벽 한가운데를 상상하면 될 것이다.

마지막으로 진피 밑에는 피부 최하층이 자리하고 있다. 바로 피하조직subcutis이다. 피하조직이라는 이름은 크게 창의적이지는 않지만 말 그대로 피부 밑에 있으니 적절한 표현이라 하겠다. 피하조직은 지방으로 된 단열층이기 때문에 추위와 더위는 물론이고 외부의 압력을 막아준다. 또 이곳에는 혈관이 구불구불 지나가고, 외부의 강한 압력을 감지하는 감각 세포들도 있다. 앞에서처럼 건축의 비유를 이어가자면 피하조직은 건물 내부 벽에 설치하는 단열 패널에 해당할 것이다. (건축전문가들과 기술자들은 그런 식의 내부 단열이 문제가 많다는 사실을 알고 있다. 대표적으로 곰팡이 문제가 생길 수 있기 때문에 보통은 외부 단열을 권한다. 그러니까 내가 든 비유는 살짝 틀렸다고 볼 수 있다. 피하조직은 있을 자리에 딱 있으므로 당연히 곰팡이 문제도 일으키지 않는다.)

그러니까 우리의 피부 방어막은 표피, 진피, 피하조직, 이

세 가지 층으로 이루어진다. 정말이지 얇고 연약하지만 우리 피부는 다방면으로 멋진 활약상을 펼치는 능력 만점 기관이다. (사실 피부는 우리 몸에서 가장 큰 기관이기도 하나.) 피부 덕분에 우리는 만지고 느낄 수 있고, 만져질 수 있으며, 발표를 해야 할 때는 땀을 흘리고, 곤란한 상황에선 얼굴이 빨개진다. 피부는 세균과 바이러스와 유독물질의 침입을 막아주며, 저체온과 고열을 방지하고, 체내 수분을 조절하고, 신진대사 균형을 유지하며, 자외선으로 인한 부상을 방지한다. (이렇게 쭉 나열하다 보니 우리가 사는 세상은 위험이 득시글거리는 끔찍한 장소 같다는 기분이 들 수 있겠다. 사실 그 기분은 옳다. 하지만 너무 걱정 마시라. 우리 피부가 알아서 다 해주니까. 우리 피부는 이 세상 온갖 나쁜 놈을 다 막아주는 튼튼한 방패니까.)

　아기 피부는 태어나기 전부터 충분히 잘 발달해서 세상에 태어나 겪을 온갖 고난을 대비한다. 하지만 튼튼한 각질층을 갖춘 두꺼운 표피까지 완성된 상태에서 세상으로 나온다는 사실을 알고 나면 살짝 당혹감이 밀려온다. 어쨌거나 아기는 지난 9개월 내내 양수에서 헤엄쳤을 것이다. 그런데도 어떻게 짓무르지 않고 흠잡을 데 없이 완벽한 피부를 유지할 수 있었을까? 실로 궁금하기 짝이 없다. 우리는 수영장이나 욕조에 30분만 들어앉아 있어도 피부가 쭈글쭈글해지기 시작하지 않는가.

이 현상에는 학자들도 관심이 많다. 상당히 특이한 현상이기 때문이다. 물과 오래 접촉하면 손가락 끝의 피부에 주름이 잡힌다. (발가락과 발바닥에도 주름이 잡히지만 팔이나 엉덩이 같은 다른 부위는 멀쩡하다.)

하지만 물에 들어가 있다고 해서 항상 손가락 끝의 피부가 쪼글쪼글해지는 것은 아니다. 손가락으로 가는 신경이 절단되면 주름이 생기지 않는다. 그러니까 이 주름은 단순히 물에 대한 수동적이고 자동적인 반응이 아니다. 자율신경계가 조종하는 적극적이고 의도적인 묘책인 것이다.

물에 젖어 주름진 손가락은 윈터타이어 같은 모양이다. 그래서 2011년 미국 학자들은 손가락에 주름이 지면 물건을 잡기가 더 수월하리라 추정했다. 물이 주름을 따라 흘러내릴 테니 미끄럽지 않을 것이고, 따라서 물건을 더 꽉 잡을 수 있을 거라고 말이다.

얼마 후 영국 신경학자들이 실험을 실시해 그 추측을 확인했다. 과연 손가락에 주름이 잡히니 그렇지 않은 사람보다 젖은 대리석 조각을 더 잘 잡았다.

2014년 독일 베를린의 학자들은 왜 그런지 이유가 궁금했다. 그래서 물에 젖어 손이 쪼글쪼글해지면 감각이 더 정확해지는지를 조사했다. 그 결과, 그렇지 않다는 것이 밝혀졌다. 이에 그들은 영국 동료들의 실험을 되풀이했고 당황스럽게도 쪼글쪼글한 손가락이 그렇지 않은 손가락보다 물건을 더 잘 잡지 않는다는 사실을 확인했다.

주름이 잡히든 그렇지 않든 물건을 집는 속도와 잡는 힘에 차이가 없었던 것이다. 영국 학자들의 발표와 전혀 다른 결과였다. 독일 학자들은 영국의 실험 방법이 문제 해명에 적합하시 않았다는 결론을 내렸고, 물에 닿으면 손과 발이 쪼글쪼글해지는 현상은 습기 많은 환경에 적응하기 위한 인체의 영리한 해결책이 아니라 습기에 닿아 생긴 우연한 부수효과일 것이라고 추측했다.

보시다시피 학문은 이렇게나 복잡하다. 손가락 주름 같은 단순한 현상을 분석할 때도 말이다.

몇 주 동안 호수에 빠져 있었던 시신이나 그 시신을 조사한 법의학자에게 한번 물어보라. 아마 우리 예상과 크게 다르지 않은 대답이 돌아올 것이다. 피부가 물러져서 흐물흐물해지는 바람에 손과 발에서 피부를 장갑이나 양말처럼 벗겨낼 수 있었다고 대답할 테니 말이다. 그런데 아기는 9개월이나 엄마 배 속 수영장에서 헤엄쳤는데도 물컹거리지도 않고 기능도 뛰어난 좋은 피부를 자랑한다. 놀랍지 않은가?

아기가 엄마 배 속에서 헤엄을 쳐도 피부가 무르지 않는 것은 피부에 있는 특수 보호막 덕분이다. 그 보호막은 임신 중반부터 형성되며 태아기름막vernix caseosa['태지'라고도 한다] 이라고 부른다. 태아기름막은 다양한 기능을 자랑하는 매력적인 물질로, 무엇보다 양수에 잠긴 태아의 피부가 무르지 않도록 보호하는 동시에 지방과 수분을 공급한다. 그러니까 이 기름막은 안에 보디로션을 발라서 방수기능을 갖춘 전신 맞춤 방수포인 셈이다. 덕분에 아기는 온종일 물에서 살아도 젖지 않아, 튼튼하고 기능이 뛰어난 각질층을 발달시킬 수 있는 것이다.

태아기름막이 어찌나 흥미를 돋우는지 나도 자세히 조사해보았다. 그게 대체 어떤 물질인지, 뭘 할 수 있으며 뭐에 필요한지, 더 알고 싶다면 〈12장 태아기름막은 천연 살균보습제!〉를 읽어보라.

앞의 주장대로 아기 피부가 정말로 그렇게 튼튼하고 기능이 뛰어난지를 확인하려면 한 조각을 잘라 실험실에서 검사해보면 될 것이다. 하지만 방금 세상에 태어난 아기에게 환영 인사로 일단 피부 한 조각을 잘라낸다는 건 예의에 어긋날뿐더러 (환자의 자기결정권, 위해 방지, 건강과 존엄성을 추구하는) 의사들의 의료행위 원칙에도 위배된다. 따라서 의사들은 어떻게 하면 잘라내지 않고도 피부 상태를 알아낼 수 있을까 고민했고 '경피수분손실도'가 도움이 될 수 있겠다는 아이디어를 내게 되었다.

경피수분손실도는 수증기가 몸 안에서 피부를 통과해 밖으로 이동하면서 빠져나가는 비율을 말하며, 굳이 피부를 잘라내지 않아도 해당 기계로 손쉽게 잴 수 있다. 그렇다 보니 피부가 얼마나 건강한지, 방어막이 얼마나 잘 작동하는지를 숫자로 알아보려는 학자들에게 큰 사랑을 받고 있다. 경피수분손실도가 높으냐 낮으냐는 나이와 피부 다입, 화상을 하거나 크림을 발랐는지 여부, 공간의 온도와 습도, 측정한 신체 부위에 따라 달라진다. 하지만 대체로 일반인의 건강한 피부는 1시간에 제곱미터당 약 4~8그램의 수증기를 방출한다. (축축한 겨드랑이를 측정한 것이 아니라면 말이다. 거기는 경피수분손실도가 다른 데보다 높다.) 추산하면 땀을 특별히 많이 흘리지 않는 성인은 하루에 한두 잔의 물을 피부로 내보낸다는 말이다. 수분손실이 (정상 수치인 4~8그램보다) 적다는 말은 피부가 수증기를 남들보다 적게 통과시키므로 방어막 역할을 아주 잘하고 있다는 뜻이다. 반대로 수치가 높은 건 피부가 손상되었다는 증거다.

경피수분손실도Transepidermal water loss는 줄여서 TEWL이라고 부른다. 토플TOEFL / Test of Englich as a Foreign Language하고 헷갈리면 안 된다. 토플은 영어를 모국어로 쓰지 않는 사람이 영어권 대학에서 공부를 하고 싶을 때 반드시 쳐야 하는 시험이다.

9개월 동안 엄마 배 속에 있다가 태어난 건강한 아기는 경피수분손실도가 어른과 비슷하거나 더 낮다. 그 사실을 보고

학자들은 아기 피부가 건강하고 기능도 완벽하다는 결론을 내렸다. 아기 피부는 수증기와 피지, 땀은 배출하되 병원균과 다른 나쁜 놈들은 못 들어오게 막아주는 일등급 반투과성 막이라고 말이다. (조산아들은 완전하지 못한 상태로 태어나기 때문에 무엇보다 피부의 기능이 떨어지고 각질층이 충분히 두껍지 않아서 연약하고 상처가 나기 쉬우며 병원균이 쉽게 침입할 수 있다.) 그런데 아기 피부가 그렇게 어른하고 구조도 기능도 똑같다면 왜 어른 피부보다 훨씬 더 보들보들한 걸까?

이유는 구조의 공통점에도 불구하고 아기 피부가 어른 피부랑 약간 다르기 때문이다. 무엇보다 딱딱한 바깥의 방어벽인 각질층이 더 얇다. 각질세포들이 어른만큼 빽빽하게 들어차 있지 않은 것이다. 그로 인해 아기 피부는 더 예민하고 (가령 지퍼나 단추, 찍찍이, 재봉선에 쉽게 긁힌다) 또 더 보드랍다. 그뿐 아니라 아직 극적인 사건들을 겪지 않았기에 깨끗하고 싱싱하다. 엄마 배속에선 피부가 긁히거나 다칠 일도 없고 햇볕을 쬘 일도 없다. 그런데 세상에 나오니 갑자기 자외선에다 세균, 깔끄러운 옷, 딱딱한 모서리 같은 온갖 고난이 밀려온다. 그러니 그 고난을 이기고 성장하다 보면 피부도 차츰 딱딱해지고 질겨지고 저항력을 갖추게 되는 것이다.

세상에서 지낸 시간이 늘어날수록 피부는 보드라움을 잃어간다. 지상의 고단한 삶에 적응해야 하니까 말이다. 그건 어른들을 보면 잘 알 수 있는 사실이다. 여름 땡볕에서 거친 목재와 뾰쪽한 못, 날카로운 톱을 쓰며 일하는 지붕 공사 일꾼의 피부는 결코 부드럽고 여리지 않다. 특히 마람과 햇볕, 작업 공구에 가장 많이 시달린 손은 상처와 굳은살투성이다.

아기 피부는 많은 세부 요소에서 어른 피부와 다르다. 예를 들면 자외선을 막아주는 멜라닌 색소가 더 적기 때문에 아기에겐 자외선차단지수가 매우 높은 선크림을 발라주어야 한다. 또 어른과 비교할 때 제일 바깥 피부층의 각질세포들이 다닥다닥 붙어 있지 않아서 수분이 빨리 빠져나간다. 피부의 촉촉한 정도는 당연히 어떤 신체 부위인지, 태아기름막이 아직 남아 있는지, 난방을 가동하는지에 따라 달라지지만 일반적으로 신생아의 피부는 이미 세상에 약간 적응한 선배 아기들보다 더 건조하다.

또 아기 피부에는 어른 피부보다 활동하는 피지선과 땀샘이 적기 때문에 두 가지 결과가 나타난다. 첫째로 아직 땀을 잘 흘릴 수가 없어서 쉽게 체온이 오르며, 둘째로 산성 지방을 덜 생산하므로 산성도(PH)가 '중성'이다. (어른의 피부는 기름진 산성 층이 덮고 있는데, 보기에는 좀 흉할지 몰라도 세균을 막아주기 때문에 상당히 실용적이다.) 그러니까 아기 피부가 보들보들한 이유는 아직 너무 얇고 싱싱하기 때문이다.

사실 아기는 그러지 않아도 전반적으로 보드랍다. 피부만 얇고 보드라운 게 아니다. 오동통하고 폭신폭신한 지방도 많은 데다 근육긴장이 거의 없다. 그래서 부드러운 커버를 씌운 축 늘어진 작은 베개 같다. (이 말을 부디 비유로 이해하시기를! 아기는 베개가 아니다. 베개로 쓰기엔 너무 작고 연약하며, 당신의 머리통이 너무 무겁다. 물론 누구나 다 알 거라 생각하지만 그래도 혹시라도 매사에 너무 진지해 농담을 못 알아듣는 분들이 있을까 싶어 다시 한번 일러둔다.)

아기가 지방이 많다는 건 눈으로도 확인할 수 있다. 아기의 아래팔은 빵 반죽 같고 손과 발에도 지방이 소복하다. 그래서 사람들이 '아기 비계'라는 말을 쓰는 것이다. 애한테 무슨 그런 말을 쓰냐고? 하지만 따져보면 영 틀린 말은 아니다. 지상의 생물을 통틀어 우리 인

간의 신생아가 가장 지방이 많다. 인간 아기의 체지방률은 약 15%로 심지어 오동통한 물개 아기보다도 더 높다. 예전에는 아기들이 지방층이 두꺼워서 추위를 잘 견딜 것이라 생각했지만, 요즘은 그 많은 지방 비축량을 특별히 크고 성능이 뛰어난 두뇌의 성장에 더 많이 사용될 것으로 추측한다. 그러니까 이 이론대로라면 진화가 토실토실한 아기를 능력 있는 어른으로 만든다는 말이다. 적자생존이 아니라 뚱자생존인 셈이다.

앞에서 내가 구체적인 연구를 위해서는 아기 피부 한 조각을 잘라내야 할 것이라고 말했지만 사실 그 말은 틀렸다. 다른 대안이 더 있기 때문이다. 특정 측량기구와 현미경을 이용하면 아기의 피부 밑에서 일어나는 일들을 잘 관찰할 수 있다. 이 방법은 좋은 점이 여럿이지만 무엇보다 아기에게 득이 될 것이다. (굳이 정확히 알고 싶어 할 분들을 위해 약간 설명을 곁들이자면 형광 분광기fluorescence spectroscopy, 영상 현미경video microscope, 공초점 레이저스캐닝 현미경confocal laser scannig microscopy 같은 기구들로 작업한다.) 프랑스 학자들이 2010년에 그런 기구를 이용해 20명의 엄마와 그 아기들의 피부를 비교한 후 다음과 같은 사실을 밝혀냈다. 아기의 각질층은 어른보다 30% 더 얇고 그 각질층을 구성하는 피부세포들은 어른보다 20% 더 작다.

그건 그렇고 신생아와 어른의 피부는 비록 계산상이긴 하지만 또 하나의 차이점이 있다. 아기는 몸무게 대비 피부의 양이 어른 2배다. 좀 이상하게 여겨질지 몰라도 지극히 정상적인 현상이다. 사물의 크기가 클수록 '표면' 대비 '부피'의 증가, 다시 말해 내용물의 증가가 더 빠르기 때문이다.

내 말을 못 믿겠는데 계산 천재라면? 그럼 직접 계산해보시라. 크기가 1×1×1인 각설탕이 있다. (단위는 센티미터이다. 진짜 각설탕은 더 크지만 여기서는 편의를 위해 쉬운 숫자를 골랐다.) 이 각설탕 표면의 넓이와 부피를 계산해보자. 표면 넓이는 6제곱센티미터이고 부피는 1세제곱센티미터이다. 이제 크기가 40×30×20인 구두박스의 표면 넓이와 부피를 계산해보자. (단위는 역시 센티미터이다.) 표면 넓이는 5,200제곱센티미터이고 부피는 24,000세제곱센티미터이다. 각설탕과 구두상자를 비교하면 알 수 있듯 사물의 크기가 클수록 표면 '넓이'보다 '부피'가 훨씬 빨리 커진다.

이 사실은 아기가 체온을 낮추는 방법에도 영향을 미친다. 체온을 떨어뜨리려면 표면을 이용해야 하며, 작은 사물(가령 아기)은 큰 사물(가령 어른)보다 크기당 표면 넓이가 더 넓기 때문에 온도가 더 빨리 떨어진다. 딱딱한 물리학 수업을 듣는 기분이겠지만 잘 살펴보면 자연에서도 그 결과를 관찰할 수 있다. 예컨대 남극에 사는 황제펭귄은 적도에 사는 갈라파고스

베르크만 규칙

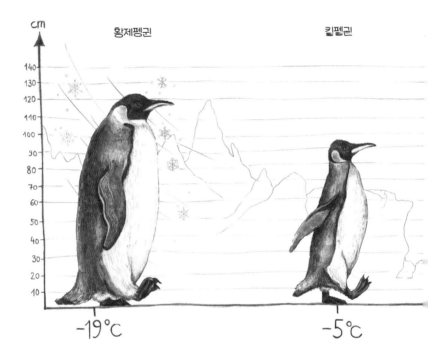

cm

황제펭귄　　　　　　　　　　　킹펭귄

140
130
120
110
100
90
80
70
60
50
40
30
20
10

-19℃　　　　　　　　　　-5℃

펭귄보다 몸집이 더 크며 따라서 열을 더 많이 간직할 수 있다. 갈라파고스 펭귄은 몸집이 작기 때문에 열을 더 빨리 방출한다.

생물학자들은 이런 현상을 두고 베르크만 규칙이라고 부른다. 독일 해부학자 카를 베르크만Carl Bergmann을 기리는 이름이다. 외부 온도

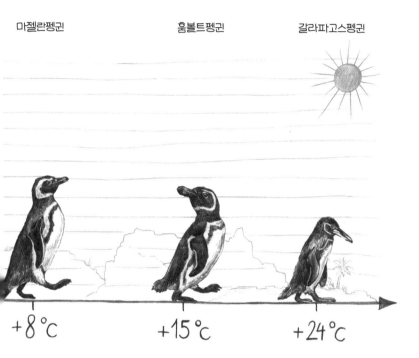

마젤란펭귄　　　훔볼트펭귄　　　갈라파고스펭귄

+8℃　　　+15℃　　　+24℃

와 관계없이 체온을 똑같이 유지할 수 있는 동물종의 경우, 적도의
대표주자가 극지방의 친척들보다 몸집이 작을 때가 많다. 예컨대
갈색곰, 여우, 펭귄에게서 그런 현상을 관찰할 수 있다. 추울 때는 몸
집이 큰 게 유리하다. 몸집이 크면 열을 빨리 방출하지 않는다. 냉각
은 피부 표면을 거쳐 진행되는데, 몸집이 크면 크기에 비해 상대적
으로 표면이 작기 때문이다.

이제 막 세상에 나온 아기의 피부는 얇고 사용 흔적이 전혀 없다. 만지면 보들보들하다. 그러니까 비단결 아기 피부의 비밀은 너무 싱싱해서 아직 억세지지 않은 데 있다는 뜻이다.

하지만 너무 부러워하지는 마라. 사춘기만 되어도 벌써 깨끗하고 보드라운 피부는 옛일이고 마흔부터는 제아무리 매끈했던 피부라도 주름이 잡힌다. 그러든가 말든가 거울을 보면 우울해지고 거친 피부와 벌어진 땀구멍과 깊은 주름에 화가 난다면, 위로가 될 만한 사실이 있다. 앞에서도 말했듯 아기라고 해서 항상 흠결 없는 피부를 유지할 수 있는 건 아니다. 가끔은 아기 피부도 건조해지고 붉은 반점이 생기며 기저귀발진도 일어나고 신생아 여드름도 나고, 지루성두피염(두피에 나타나는 노란 딱지), 두드러기, 영아습진(얼굴과 머리에 딱지처럼 앉은 축축한 피부 발진)에 시달린다.

덧붙이자면, 아기 피부를 쓰다듬으면 부드러운 이유가 하나 더 있다. 아기 피부와는 아무 상관 없는 이유다. 우리는 남의 피부를 자기 피부보다 더 부드럽다고 느낀다. 런던 유니버시티 칼리지의 보건심리학자 세 사람이 2015년에 실시한 실험의 결과다. 일면식도 없는 150명의 피실험자를 모아서 서로의 팔과 손을 천천히 살짝 쓰다듬은 후 자신의 피부와 남의 피부를 비교 평가하라고 시켰다. 그랬더니 모두가 자기보다 남의 피부가 더 부드럽고 촉감이 좋다고 평가했다. 사실이 꼭 그

런 건 아닌데도 말이다. 우리는 남의 피부를 쓰다듬을 때 부드
럽다는 환상에 빠진다. 이 학자들은 이런 환상이 타인을 편히
만지게 해주는 신종 신체 메커니즘이라고 주장했다. 다시 말
해 사회적 유대를 돕는 신체 메커니즘이라는 것이다.

4장

이유식은 왜
당근으로 시작할까?

아기가 난생처음 고체식을 먹는 순간, 태어나서 처음으로 모유(혹은 우유)가 아닌 다른 음식을 먹는 그 순간은 참으로 특별하다. 그것이 갓난아기가 아동으로 자라나는, 아무것도 할 줄 모르는 쪼그맣던 것이 언제 이렇게 컸나 싶게 독립적인 존재로 우뚝 서는 그 매력적인 성장의 길에서 의미 있는 순간이기 때문이다.

특히 부모에겐 첫 이유식이 육아에서 결정적인 이정표다. 물론 나중에 돌아보면 별것 아닌 일이지만 말이다. 아기는 시트에 누워서(이 시기는 대부분의 아기가 아직 제대로 앉지도 못한다) 무릎까지 내려오는 턱받이를 목에 두른다(아기는 아직 작아도 음식을 먹일 때는 최대한 많이 덮는 게 좋다). 진짜 음식을 담은 숟가락이 천천히 다가온다. 독일에서 첫 이유식은 대부분 당근 퓌레이기에, 아주 작은 부드러운 오렌지색 덩어리다. 아기는 관심을 보이거나 호기심을 드러내기도 하지만 아예 무관심일 때가 더 많다. 어쨌거나 대부분의 아기는 입을 벌리지 않는다. 이제부터 그런 생김새의 음식이 주어지고 그걸 받아먹으려면 뭔가 해야 한다는 사실을 아직은 모르기 때문이다. 그러니 엄마나 아빠, 혹은 누구든 아기에게 처음으로 고체식을 떠먹이는 그 숭고한 임무를 맡은 사람은 어떻게든 숟가락을 아기 입속으로 집어넣어야 한다. 기회를 봐서 얼른 입술 사이로 숟가락을 밀어 넣고 자갈을 하역하는 트럭 적재함처럼 숟가락을 위로 올려서 아기의 위턱에 문지르고 빼내는데, 운이 좋으면 퓌레가 입술과 코에만 묻지 않고 입안에도 상당량 남게 된다. 아기들은 대부분 처음 경험하는 이 이상한 물질을 어찌해야 할지 모른다. 그래서 턱을 움찔거리고 입을 쩝쩝 다시는데, 좋게 보면 씹는 것이라고 볼 수도 있다. 그런 다음 혀로 퓌레를 이리저리 굴리다가 다시 입 밖으로 밀어내고는 턱받이에 묻은 것을 미심쩍은 듯 빤히 쳐다본다. 그러니까 보통의 아기들은 첫 이유식을 인생 최초라는 이유로 그리 중히 여기는 것 같지는 않다. 설사 그렇다고 해도, 어쨌든 그런 낌새는 없다.

우리는 아기가 하는 짓은 대부분 귀엽다고 생각한다. 하지만 똑같은 짓을 어른이 하면 다르게 본다. 가령 당신이 지금 고급 레스토랑에 들어가서 다양한 진미를 맛볼 수 있는 코스요리를 시킨 다음 쥐꼬리만큼 집어 입에 넣었다가 혀로 밀어내고서 셔츠나 바지에 떨어진 그 음식을 물끄러미 쳐다본다고 상상해보자. 아마 세상 그 누구도 그 모습을 귀엽다고 생각하지 않을 것이다. 너무 부당하지 않은가?

어쩌면 아기는 머릿속으로 진짜 흥미로운 질문을 던지고 있을지도 모른다. 대체 왜 우리는 아이들에게 첫 이유식으로 당근을 주는 걸까? 특별히 인기가 높은 것도, 그렇다고 인기가 아예 없는 것도 아닌 그저 그런 평범한 채소인데 말이다. 채소들이 동창회를 연다면 당근이 오지 않았다고 아쉬워할 친구가 몇이나 될까? 그런데 왜 우리는 자녀에게 제일 먼저 오이나 완두콩 같은 다른 채소는 다 젖혀두고 당근을 먹이는 걸까? 왜 우리가 즐겨 먹는 감자튀김과 소시지와 치킨을 먹이지 않는 걸까?

자연은 아주 실용적이어서 신생아는 모유만 먹어도 필요한 영양소를 다 얻을 수 있다. 신생아에게 모유는 그야말로 획기적인 음식이다. 간편하면서도 영양이 풍부한, 세상에서 으뜸가는 메뉴다. 하지만 생후 6개월이 지나면 아이는 더 많은 영양소가 필요하다. 특히 철분이 많이 필요하며, 시간이 가면서 다른 영양소들도 더 필요해지는 데다 무엇보다 칼로리가 더 높아야 한다. 따라서 이유식으로 식단을 풍성하게 만들 필요가 있는 것이다.

그전에는 굳이 이유식을 먹일 이유가 없고, 사실 그럴 수도 없다. 아기에겐 이유식을 불가능하게 만드는 반사가 있다. 이름하여 '혀 내밀기 반사extrusion reflex'이다. 딱딱한 물건이 혀를 건드리는 순간 아기는 혀를 쭉 내민다. 그래서 입에 무엇을 넣건 다 밀어내버린다. 그런데도 아기가 굶어 죽지 않는 것은 그것과 더불어 빨기 반사와 삼키기 반사가 있기 때문이다. 입천장에 무언가가 닿으면 아기는 자연스럽게 빨기 시작한다. 가령 엄마 젖꼭지나 젖병이 입에 들어오면 무조건 빨기 시작한다. 그렇게 빨아서 젖이 입에 들어오면 이번에는 삼키기 반사를 통해 젖을 식도로 보낸다.

4~5개월 정도가 되면 혀를 내미는 반사는 사라지지만 빨기와 삼키기 반사는 평생 간직된다. 어른들에게도 이 두 가지 반

사가 남아 있고, 그래서 우리가 음식을 먹다가 질식하지 않는 것이다. 그 덕분에 우리는 닭다리를 뜯어서 폐가 아니라 위로 보낼 수 있는 것이다.

이렇듯 아기는 생후 5개월이 지나면 모유 말고 다른 것도 섭취할 필요가 있고, 또 섭취할 수도 있게 된다. 이로써 이유식을 먹이기 위한 최고의 조건이 갖춰진다. 또한 생후 6개월이 되면 아기가 음식에 관심을 보이기도 한다. (물론 거부반응도 보인다. 하지만 세상사가 다 그렇다. 음이 있으면 양이 있는 법이다.) 이제는 아기의 혀도 제법 민첩해져서 음식이 입에 들어와도 뒤쪽으로 보낼 수 있기 때문에 모유 말고 고체식도 먹을 수 있게 된다.

생후 6개월 이전에도 거뜬히 이유식을 먹을 수 있고 또 먹으려 하는 아기가 있는가 하면, 시간이 더 필요한 아기도 있다. 아기마다 다르기 때문에 독일에선 이유식 시작 시점을 정확히 정하지 않고 4~6개월로 넉넉하게 권장한다.

두둥! 드디어 고체식의 시간이 왔다. 아기는 아직 치아가 거의 없거나 아예 없기 때문에 무른 음식부터 시작해야 한다. 하지만 처음부터 아기에게 소시지와 감자튀김을 으깨서 먹이는 부모는 없다. 대부분이 당근 퓌레로 이유식의 막을 연다. 아내와 나도 당근 퓌레가 좋다는 이야기를 들었고 그 충고를 따랐다. 난생처음 요리를 하거나 불안정하고 희귀한 원소를 다루는 사람들처럼, 우리는 초집중하여 당근을 쪄서 잘 으깬 다음 카메라를 설치하고 식탁에 앉아 촬영을 시작했다. 우리는 긴장과 흥분으로 들떴고 이 순간을 꼭 기록해두고 싶었다. 그리고 마침내 우아한 동작으로 아이의 입에 당근 퓌레 한 숟가락을 밀어 넣었다.

반응은 실망스럽기 그지없었다. 우리 아이의 첫 이유식 비디오는 지금껏 우리가 찍었고 앞으로 찍게 될 모든 영상 중 가장 재미없는 영상이 되었다. 주야장천 고속도로만 찍은 영상도 이보다는 더 재미있을 것이다. 숟가락이 아이의 입으로 들어가고, 정말이지 아무 일도 일어나지 않았다. 영상이 정지된 것인가, 아니면 아기가 진짜 사람이 아니고 등신대인가 고개를 갸웃할 수도 있을 법했다. 그런데 왜 우리는 아기에게 꼭 당근 퓌레를 먹이는 걸까? 특별히 맛있게 먹는 것 같지도 않은데 말이다.

우리 할머니도 고백하셨다. 다들 아기에게 당근을 먹이지만 설득력 있는 이유가 있는 것은 아니라고 그러니까 오랫동안 전해 내려온다고 해서 전부 다 옳고 좋은 것은 아니라는 말이다.

하지만 할머니를 너무 몰아세워서는 안 된다. 전통적으

로 쭉 해온 많은 일이 그렇게 오래 유지된 데는 다 이유가 있는 법이니 당근 퓌레 역시 그럴 것이다. 살면서 경험해보니 아기들은 보통 당근 퓌레를 잘 먹는다. 그래서 아기에게 이유식을 먹이려는 사람이 있다면 치킨 퓌레보다는 아기도 좋아하는 것을 권하게 되는 것이다. 아기가 당근 퓌레를 좋아하는 건 (물론 우리도 그랬지만 아기가 좋다고 확실히 의사표현을 하는 건 아니다) 당근이 달짝지근하기 때문일 텐데, 그 맛이라면 모유를 통해 익히 아는 바다. 게다가 알레르기에 민감한 아기들도 익힌 당근은 잘 소화한다. 그러니 당근은 고체식의 세상으로 내딛는 첫발로서는 손색이 없는 식품이다.

궁금한 사람들은 기회가 된다면 모유를 한번 먹어보라. 진짜로 달다. 그래서 아기들이 모유를 꿀꺽꿀꺽 삼키는 것이다. '나더러 모유를 먹어보라고? 미친 것 아냐?' 이런 생각이 들거든 가만히 생각해보라. 사람이 사람 젖을 먹는 게 더 이상할까? 소젖을 먹는 게 더 이상할까?

6개월 정도가 되면 아기는 철·비타민B6·비타민B12·아연·인·마그네슘·칼슘과 에너지가 필요하지만, 엄마 젖만 먹어서는 그 모든 것을 다 얻을 수가 없다.

그런데 이 영양소 리스트를 쭉 살피다 보면 이유식을 하필 당근으로 시작하는 풍습에 더욱 고개를 갸웃하게 될 것이다. 당근은 소화가 잘되고 맛도 좋지만 철이나 칼슘 함량이 높지 않을뿐더러 무엇보다 칼로리가 크게 높지 않다. 나도 그 점이 이상했다. 아기가 철이 필요하다면 간소시지를 먹이는 게 더 나을 테고, 칼슘이 필요하다면 유제품을 먹여야 할 것이며, 에너지를 원한다면 곡물을 먹여야 할 것이다. 이 세 가지 범주, 즉 철과 칼슘과 에너지 모두에서 당근은 훨씬 뒷자리를 차지한다. 그러니 당신이 의아해하는 것도 당연하다. 하지만 우리가 아기에게 첫 이유식으로 당근을 주는 이유는 당근이 궁극의 양분 덩어리여서가 아니며 사춘기까지 그것만 먹어도 되기 때문도 아니다. 아이가 당근에 좀 익숙해지면 (어차피 처음엔 몇 숟가락 먹지도 않는다) 식단을 재차 손봐야 한다. 우리 할머니들도 그러셨다. 아기에게 충분한 철과 비타민과 아연과 인과 마그네슘과 칼슘과 에너지를 공급하기 위해 며칠 후에는 으깬 감자를 조금 섞고 그다음에는 유채씨유를 찔끔 붓고, 그다음에는 고기도 살짝 집어넣는다. 고기를 쪄서 다진다고 상상하면 썩 입맛이 돌지는 않지만 고기는 아기에게 철과 아연, 비타민 B12과 셀레늄을 공급한다. 이어 우유와 곡물을 넣어 끓인 죽을 먹이면 칼슘과 다른 무기질을 공급할 수 있다. 그리고 마지막으로 곡물과 과일을 끓인 죽을 주면 몇 가지 비타민을 보충할 수 있다. 이 죽은 특히 체중에 민감한 여자아이들이 좋아해서, 자기는 이제 다 컸다고 온갖 잘난 척을 다 해대면서도 병에 든 이유식을 사서 날름날름 떠먹는 것이다.

10대들을 보호하는 차원에서 한 마디 덧붙여야겠다. 아이돌 스타 따라 한다며 화장품을 덕지덕지 바른 얼굴로 운동장에 앉아서 병에 든 이유식을 떠먹는 장면은 참 가관이지만, 이유식 사랑은 10대들의 전유물이 아니다. 몇 년 전 주간지 《디 차이트 *Die Zeit*》에 실린 기사를 보면 독일에서 팔리는 병 이유식 4병 중 1병은 어른이 먹으며, 특히 50세 이상의 사랑을 많이 받는다고 한다. 독일 이유식 제조업체 힙^{Hipp}도 "출생률 저하에도 우리는 과일 이유식 같은 성인 타깃 제품으로 매출을 올릴 수 있다"며 기대감에 들떴다. 그 밖의 유아용품들도 성인들에게 각광받고 있다. "유아용품의 60%는 아이가 없는 집에서 사용되고 있다." 이유가 무엇일까? 한 가지 설명은 이렇다. 요즘 젊은이들은 독립이 더뎌서 20대 후반에도 부모와 함께 사는 경우가 많고 경제활동도 늦게 시작하며 결혼도 늦는다. 따라서 집세를 낼 필요도 없고 자식에게 돈을 쓸 필요도 없으니까 같은 나이의 이전 세대보다 여윳돈이 더 많다. 마케팅기업들이 그 사실을 놓칠 리가 없으니, 사실상 필요도 없는 소비재를 젊은이들의 구미에 맞게 만들려 노력하는데, 그 노력 중 하나가 어린 시절의 기호와 습관을 다시 일깨우려는 것이다. 그런데 의외로 그 마케팅 전략이 잘 먹힌다. 앞서 말한 기사에는 이런 구절이 있다. "요즘 같은 성과 사회

에서 어른이 된다는 것은 기회보다 압박이 더 많다는 뜻이다. 그러니 행복한 어린 시절을 언제든 누릴 수 있다는 약속은 달콤한 것이다." 여기 물티슈가 있으니 먹다 흘린 건 좀 닦으시라.

그러니까 아기는 야채와 고기, 곡물과 우유와 과일을 (당연히 모조리 으깨서) 차츰차츰 먹게 될 것이고, 결국 모유를 끊게 될 것이다. 그리고 그 모든 일은 당근 한 숟가락으로 시작된다. 당근이야말로 아기가 고체식에 맛을 들이도록 유혹하는 (채찍과 당근 중) 진짜 당근인 셈이다.

지구 반대편의 모습은 다르다. 나라가 다르니 당근도 다른 것이다.

- 프랑스에선 아기에게 콩이나 완두콩을 준다. (워낙 와인이라면 사족을 못 쓰는 사람들이니 점심에는 아기한테도 와인을 한 잔 건네지 않을까?)
- 중국은 쌀을 먹인다. 1,350명의 아기를 대상으로 실시한 연구조사 결과를 보면 중국 아기의 약 90%가 쌀을 먹었고 그중 50%는 과일과 채소를 거의 먹지 않았다. 따라서 이 조사 결과는 중국의 부모들에게 과일과 채소를 더 많이 먹이고, 나아가 철분결핍 예방을 위해 완제품 이유식을 함께 먹이라고 권했다.
- 서아프리카의 나라들에선 대부분의 아기가 옥수수나 기

장 같은 곡물을 먹는다. 고기, 달걀, 생선은 비싸서 사 먹기가 쉽지 않다. 특히 저소득 가정의 경우 부모가 경제적인 여유가 없을뿐더러 식품영양과 관련된 지식이 없거나 금기 식품으로 잘못 알기도 해서 고기와 생선을 전혀 먹이지 않는다. 따라서 아이들은 영양상태가 매우 부실하고 주거환경까지 비위생적이므로 영양실조와 성장부진, 감염병에 걸릴 위험이 높다. 당연히 유아사망률도 높다.

- 나이지리아에선 아이가 곡물죽에 적응하고 나면 가족이 먹는 주식을 같이 먹인다. 뿌리채소인 얌(생김새나 맛이 고구마와 비슷하다)을 익혀 으깨거나 씹어서 먹이고, 가리(카사바 가루)를 물에 타 먹인다.

- 가나에선 신생아 때부터 6개월까지 '코코'라는 이름의 전통 발효 옥수수죽을 먹인다. 옥수수는 그 자체에 영양소가 부족한데, 그것을 물에 풀어 더 희석하니 영양이 부족할 수밖에 없다. 게다가 옥수수는 철과 아연의 흡수를 방해한다.

- 필리핀의 전통 유아식도 같은 문제점이 있다. 그래서 필리핀 아기들 역시 세계보건기구가 권장하는 칼로리, 칼슘과 아연과 비타민을 충분히 섭취하지 못한다.

- 남아프리카공화국 역시 옥수수죽을 주로 먹이지만 여기선 많은 부모가 완제품 이유식도 같이 먹인다. 6개월 이하

의 신생아에게는 모유와 함께 물과 차를 먹인다.

- 인도에선 첫 이유식으로 밀이나 아타(인도의 통밀가루), 기장에 우유나 물, 재거리(사탕수수즙을 끓여 만드는 비정제 설탕), 기(버터기름으로, 인도에선 등불을 켤 때도 사용한다)나 기름을 넣어 끓인 죽을 먹인다. 이 단계가 지나면 바나나, 파파야, 망고, 사포딜라를 으깨 먹인다.

- 탄자니아 부모들은 전통적으로 옥수수나 기장, 수수(가축 사료로도 재배하며 2016년 조사에서 전 세계에서 다섯 번째로 많이 심는 작물로 꼽혔다), 쌀, 카사바, 감자, 얌, 플랜틴으로 죽을 끓여 먹이며 땅콩가루, 콩, 정어리를 넣기도 한다.

- 아시아태평양 지역에선 쌀만 먹인다. 따라서 이곳의 아기들도 영양이 매우 부족하다.

- 일본에선 백일잔치를 할 때 아기에게 과일즙이나 야채죽을 조금 먹인다. 이건 참 바람직한 전통이다. 하지만 일본 사람들은 아기가 6개월이 지나도 모유만 먹이면 충분하다고 생각한다.

독일에선 예나 지금이나 당근이 이유식 1위 자리를 고수하고 있다. 그래서 이유식 시작 여부는 아기를 보기만 해도 알수가 있다. 당근 퓌레를 먹이고 며칠이 지나면 피부가 노래지기 때문이다. 그러니까 갑자기 체내에 베타카로틴이 풍부해

졌다는 사실을 아기가 그 작은 몸으로 몸소 보여주는 것이다. 베타카로틴은 비타민A를 만들 수 있는 자연색소이며(그래서 베타카로틴을 프로비타민A라 부르기도 한다) 우리 몸은 혹시 모자랄 때를 대비해서 그것을 몸에 저장해둔다.

베타카로틴은 예쁜 색을 내기 위해 많이 사용되는 식품첨가물이기도 하다. 색소가 없으면 희끄무레한 색을 띠는 마가린이나 레모네이드가 대표적인 베타카로틴 첨가 식품이다. 베타카로틴 함량이 가장 높은 식품은 놀랍게도 케일이다. 이건 자연의 기적이라 할 수 있다!

젊은 얼리어댑터 부모들은 어쩌면 아이에게 퓌레를 떠먹이는 내 방식이 너무 구식이거나 아예 틀렸다고 생각할지도 모르겠다. '아이주도 이유식Baby Led Weaning(BLW)'이라는 말도 안 들어봤나, 하고 중얼거리며 쯧쯧 혀를 찼을 수도 있다. 그럴 리가! 나도 한창 애를 키우는 아빠인데 요즘 젊은 부모들 사이에서 유행하는 트렌드가 내 귀에 안 들어왔을 리 없다.

아이주도 이유식은 아기에게 잘게 썬 빵과 채소, 과일을 주고서 아기가 먹고 싶은 걸 직접 고르게 하는 방식이다. 아이디어 자체는 흥미롭다. 아기가 식탁에 똑바로 앉을 수 있고 뭔가를 쥐어 입에 집어넣을 수 있을 만큼 운동신경이 발달했다면 원하는 것을 원하는 만큼 집어 먹을 수 있을 것이다. (하지만 아기가 아직 똑바로 앉지도 못하고 원하는 것을 뜻대로 잡을 수도 없다면 이 아이디어는 흥미롭기는커녕 말도 안 되는 헛소리다.) 그럼 아기는 놀면서 온 감각으로 음식을 경험하고 발견할 수 있을 것이며, 눈에서 손으로, 손에서 입으로 가는 운동신경을 훈련할 수 있을 것이고, 혼자 자기 침대에 누워 있을 때보다 가족과의 공동 식사에 훨씬 잘 적응할 수 있을 것이다. 더구나 꼭 필요한 양만 스스로 먹으니 과식할 일도 없다.

얼른 듣기엔 그럴싸하다. 하지만 영양학자와 소아과 의사들은 동의하지 않는다. 젖을 뗄 시기의 아이들은 아이주도 이유식으로는 충분한 영양을 공급받지 못한다. 또한 퓌레가 빠진 이유식은 과학적으로 상상할 수 없다고 주장한다. 이유기 아이들에게 어떤 영양소가 필요한지는 우리도 이미 정확히 알고 있지만, 이 영양소를 간단히 집어 먹는 핑거푸드만으로 얻을 수 있는지는 아직 과학적으로 입증되지 않았다. 물론 아이주도 이유식을 다룬 연구 결과들은 많이 나와 있다. 하지만 독일 아동청소년의학협회에서 발행하는 《월간지 아동의학 *Monatsschrift Kinderheilkunde*》에 실린 전문가들의 글을 보면, 첫째로 그 연구들이 대부분 극소수의 참가자를 대상으로 실시한 관찰 연구에 불과하며, 둘째로 그 결과를 해석하기도 쉽지 않다고 주장한다. 아이주도 이유식이 정확히 무엇인지에 대한 구속력 있는 정의가 없으므로 연구 결과를 비교하기가 거의 불가능하기 때문이다. 게다가 아이주도 이유식을 통해 더 건강한 식생활을 할 수 있다는 과학적 증거도 없다. 영양학자들은 아이가 철이나 비타민B12 같은 영양소를 충분히 섭취하도록 부모가 통제하기 힘들다는 점에서 이 방법을 비판한다.

사실 그건 부모들도 모르는 바가 아니므로 아이에게 핑거 푸드와 퓌레 둘 다를 제공하는 부모들도 있다. 이 방법도 가능하다. 하지만 독일의 공식적인 권고사항은 이유식을 퓌레로 시작하며 가족이 먹는 일반 음식은 10개월부터 먹여야 한다는 것이다.

한마디 더 덧붙이자면 신생아의 경우 후두가 훨씬 위쪽에 자리하고 있다고 한다. 그래서 입으로 젖을 먹으면서 코로 숨을 쉴 수가 있단다. 정말 대단하지 않은가? 다만 후두가 이렇게 높이 있어서 말에 필요한 소리를 내지 못한다는 것은 단점이다. 하지만 신생아는 할 말이 별로 없는 것 같으니 그것도 별문제가 없을 것이다. 생후 몇 달이 흐르면 후두가 내려오면서 먹으면서 동시에 숨을 쉬는 능력은 사라진다. 하지만 그 대신 입이 복잡한 소리를 자유자재로 낼 수 있다. 하나 더, 덤으로 코도 골 수 있게 된다.

5장

왜 이가 날 때
엉덩이가 빨개질까?

아기의 젖니는 상상만 해도 귀엽지만 사실 이돋이는 극도
로 잔혹한 과정이다. 잇몸이 두꺼워지고 붉어지다가 차츰차
츰 이가 잇몸을 뚫고 나온다. 잇몸에 박힌 하얀 얼룩처럼 보이
던 이는 며칠 동안 쉬지 않고 밀고 올라와 부어오른 잇몸을 찢
으면서 그 상처를 뚫고 밖으로 나온다. 이가 나는 것은 폭력적
인 행위다. 아이는 울고 보채고 침을 흘리고 그 작은 손을 입
에 쑤셔 넣어 아픈 잇몸을 만진다. 그건 충분히 이해할 수 있
는 행동이다. 그런데 도무지 이해가 안 되는 것은 이가 나는
동안 아기 엉덩이가 빨개진다는 사실이다.

기기하게 들리겠지만 우리 딸도 그랬다. 처음 이가 날 때 엉덩이가 상처로 빨갰다. 하도 이상해서 젊은 부모라면 누구나 던질 물음을 우리도 던지고 또 던졌다. (아마 젊은 부모들이 가장 많이 던지는 물음이 아닐까 싶다.) 정상일까? 괜찮나? 뭐가 잘못된 걸까? 우리는 지인들에게 수소문했고 다른 부모들도 비슷한 현상을 목격했다는 말을 듣고 안도했다. 그들의 아이들도 이가 날 때 엉덩이가 상처로 빨갰다고 했다. 그러니까 우리 아이만 별나게 그런 것이 아니라 널리 퍼진 현상인 것이다.

  그런데 왜 그럴까? 정말 기묘하지 않은가? 이는 입 안에서 위로 올라오지 아래로 내려가지 않는다. 이는 위로 자라는데 왜 아래쪽의 엉덩이에 상처가 나는 것일까? 어떻게 이런 이상한 연관성이 나타나는 것일까?

  수소문했던 부모들은 아무도 대답을 들려주지 못했다. (아이를 키우는 부모들 사이에서 엉덩이 색깔은 지극히 정상적인 대화 주제다. 적어도 자기 아이 이야기를 할 때는 말이다.) 대신 이들은 이가 나는 동안 목격했던 추가 증상들을 들려주었다. 깨물고 침을 흘리고 불안해하고 잠을 못 자며 입맛을 잃고 피부에 염증과 발진이 생기며 심지어 토하고 설사를 하고 감염병과 고열에 시달리는 경우도 있었다. 이 모든 것이 이가 날 때 나타나는 전형적인 부수현상이라는 것이었다. (물론 초등학생이라면 불안에 떨고 잠을 못 자고 입맛을 잃고 심지어 구토와 설사를 하고 열이 오르는 건 숙제나 시험공부를 못했을 때도 나타나는 증상이다. 근데 그것도 누가 과학적으로 연구한 적이 있을까?)

폭력적인 과정이라는 걸 잠시 잇고서 바라보면 이가 나는 건 정말이지 매력적인 장면이다. 이가 턱 저 밑에서 서서히 자라나서 잇몸을 뚫고 밖으로 튀어나온다. (이건 인간만 거치는 과정이 아니다. 곰, 여우, 고양이, 박쥐, 개, 고래, 토끼, 고슴도치 같은 많은 포유류 새끼들도 태어난 후에 이빨이 난다.) 언제 시작되는지, 얼마나 걸리는지, 어떤 순서로 나는지는 아기마다 다르지만 그래도 대충은 정해진 계획표가 있다. 첫 젖니는 6개월 무렵에, 마지막 젖니는 30개월 무렵에 난다. 그러니까 이가 하나도 없던 합죽이 아기가 이가 가득한 입을 갖게 될 때까지 족히 2년이 걸리는 것이다. 보통은 앞니가 제일 먼저 난다. 위에 4개, 밑에 4개.

드물지만 이가 난 채로 태어나는 아기가 있다. 아기한테 쓰기엔 좋은 말은 아니지만 이를 두고 '마녀이빨Hexenzahn'이라고 부른다. 자기 자식이 마녀이빨이라서 부끄럽고 걱정이라면 인터넷에 들어가서 '마녀이빨로 태어난 유명인'을 한번 찾아보면 안심이 될 것이다. 시씨Sissi 왕후[바이에른 공주 엘리자베트를 부르는 애칭으로 오스트리아-헝가리제국의 요제프 1세와 결혼했고 스위스 제네바에서 암살당했다]도 그랬다니 말이다. 아, 물론 나폴레옹과 성질이 더럽고 잔인했다는 이반 4세도 포함된다는 사실을 알고 나면 안도했던 마음이 다시 널뛸지도 모르겠다.

앞니 다음에는 앞어금니, 그리고 송곳니, 마지막으로 뒤어금니가 난다. 그러니까 총 20개의 유치를 갖게 되는 셈이다.

전문가들은 유치의 어금니를 밀크 몰라milk molar, 즉 젖어금니라고 부른다. 송곳니는 영어로 개이빨canine tooth이라는 뜻이다. 어쨌거나 혼합치열mixed dentition을 볼 수 있는 초등학생들의 X선 사진들이 있다. 턱에 유치가 일부 남아 있는데 이미 영구치가 밀고 나오는 중이다. 그래서 부자연스럽게 많은 이를 볼 수 있다. 인상적이지만 약간 섬뜩하기도 한 장면이다.

이돋이는 흥분되는 과정이다. 상당히 호전적이기 때문에 누가 봐도 아기가 너무 힘들겠다고 짐작하게 된다. 5,000년 전부터도 사람들은 그렇게 생각했다. 히포크라테스, 호메로스, 아리스토텔레스도 이가 나면 아기가 앓게 된다고 생각했으니, 세월이 흐르는 동안 사람들은 이돋이에 엄청나게 많은 부수현상이 있다는 혐의를 뒤집어씌웠다. 눈을 깜빡이거나 빛을 잘 못 보는 등의 가벼운 증상에서부터 구토와 감기, 편도선염 같은 질환을 거쳐 사지마비, 콜레라, 정신착란, 페니스에서 분비물이 나오는 등의 심각한 질병에 이르기까지 온갖 문제를 말이다. 16세기에서 19세기에는 의사들도 아이들이 이돋

이 때문에 죽을 수도 있다고 생각해서 아동 사망의 상당 부분을 치아 탓으로 돌렸다.

지금 보면 황당하지만 그때는 그럴 만했던 것이, 당시만 해도 질병에 대한 연구와 인식이 부족해서 의사들이 증상을 잘못 해석하거나 잘못 분류하는 일이 잦았다. 게다가 턱이 두뇌와 워낙 가까우니 이돋이가 신경에 극적인 결과를 초래할 수도 있다는 생각이 영 억지는 아니었다. 실제로 치아가 두통을 유발할 수도 있으니 말이다.

예전 사람들이 눈 깜빡임부터 죽음에 이르기까지 폭넓은 증상을 이돋이 탓으로 돌렸다는 사실을 고려한다면 이가 나면 엉덩이가 빨개진다고 생각하는 것도 영 억지는 아니다. 약간의 상상력만 발휘해도 어떻게 그럴 수 있는지 그럴듯한 시나리오를 짜 맞출 수 있다. 즉 이가 나는 아기는 침을 많이 흘리기에 침을 많이 삼킬 텐데, 그럼 그 침이 어디로든 가야 할 테니 결국 아래로 나올 것이고 그래서 똥이 물러져서 항문이 짓무를 것이다. 제법 그럴싸한 시나리오가 아닌가?

그렇다면 고열과 수면장애, 발진과 구토는 무엇 때문일까? 이가 잇몸을 뚫고 나오면 아기는 힘들 것이다. 하지만 그렇게 다양하고 격한 증상들이 온몸에 나타날 정도로 괴로운 일일까? 정말로 이돋이는 온몸에 영향을 미칠 정도로 심각한 비상 상황인 걸까?

실제로 아기를 키우는 부모들은 그렇다고 확신하는 것 같다. 내 주변 사람들만 그런 게 아니다. 이렇듯 온 세상 부모들이 다 걱정을 토로하며 이돋이가 불쾌한 부수현상을 동반한다고 철썩같이 믿다 보니, 학자들도 팔을 걷어붙이고 조사에 나섰다. 정확히 말하면 두 가지 현상을 조사했다. 첫째 이가 날 때 실제로 어떤 일이 벌어지는가? 둘째 어떤 일이 벌어진다고 부모들이 생각하는가?

2013년 브라질 학자들은 엄마들이 이가 나는 아기들에게서 어떤 증상을 관찰했는지를 조사해 그 결과를 《아동 치의학 저널*Journal of Dentistry for Childern*》에 발표했다. 이들은 아기가 이제 막 첫 이가 난 시점에 엄마들을 상대로 설문조사를 실시했다. 그리고 이가 난 지 1주일이 지난 후에 다시 한번 설문조사를 했다. 이번에는 엄마들이 기억하는 증상을 물었다.

이 실험은 설문조사 방법이 매우 흥미롭다. 첫 번째 설문이 이돋이가 일어나는 뜨거운 현장의 생중계라면 두 번째 설문은 되돌아보기다. 1주일이 지났으니 그사이 흥분이 가라앉은 엄마들은 더 냉정한 평가를 내릴 것이고 아마 가장 인상적이었던 증상들만 기억할 것이다. 그런 다음 두 번의 설문조사 결과를 비교했다. 엄마들은 이가 나고 있을 때와 이가 난 이후 모두 똑같이 수면장애, 설사, 식욕부진, 예민함을 증상으로 꼽았다. 하지만 차이도 있었다. 이가 날 때는 침을 많이 흘리고 콧물이 줄줄 흐른다고 대답한 엄마들이 많았는데, 1주일이 지나자 1주일 전에 비해 열이 났다고 대답한 엄마의 숫자가 5배 더 많았던 것이다.

참 웃기는 결과다. 이가 날 때는 열을 못 느끼다가 1주일이 지나자 갑자기 열을 떠올렸다고? 너무 미심쩍은데. 하지만 학자들은 태연하다. 연구를 하다 보면 그런 일이 워낙 비일비재한 데다 알고 보면 이유가 별것 아닐 때가 많기 때문이다.

가령 엄마들이 나중에 돌이켜보니 침을 흘리는 건 별로 중요한 증상이 아니었다고 생각하게 되었거나 아예 잊어버렸을 수도 있다. 혹은 며칠 뒤에 생각해보니 아이가 진짜로 열이 있었다는 확신이 들었을지도 모른다. 또한 학자들이 데이터 분석을 잘못했을 수도 있고 엄마들이 사실과 다른 대답을 했을 수도 있다. 이 경우는 설문조사였다는 사실을 고려할 필요가 있다. 즉 스스로 내린 진단이었던 것이다. 독립된 관찰자가 아니라 엄마들이 자기 자식에 대해 대답했다. 엄마는 자기 자식이라면 모르는 게 없는 전문가지만 그렇다고 해도 학자는 아니며, 또 설령 학자라고 해도 자기 자녀에 대해선 편견 없이 객관적으로 판단하기 어렵다. 일반적으로 설문조사 연구에선 대답이 맞지 않을 수도 있다는 사실을 염두에 두어야 한다. 의도하지 않았든(응답자가 잘못 기억하거나 잘못 생각한다) 의도했든(체중이나 음주 여부를 물을 때가 대표적인데, 응답자가 거짓말을 한다) 대답이 틀리는 경우가 많은 것이다.

이돋이에 대해 부모는 무엇을 알며 구체적으로 어떤 현상을 목격하는지, 오래전부터 수많은 나라에서 학자들이 조사를 했다. 그 결과를 보면 부모들은 이돋이의 전형적인 증상으로 고열, 설사, 수면장애 등을 꼽았다. 그러니까 주변의 아기 키우는 엄마 아빠들이 들려준 그 이상한 증상들이 전부 다 사실일 수도 있는 것이다.

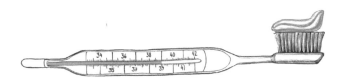

아마 지금 당신은 젊은 부모들의 말은 곧이곧대로 믿지 말아야겠다고 생각할지 모르겠다. 실제로 아기를 키우는 엄마 아빠는 비상 상황에 처해 있다. 아이가 태어나면서 생활은 엉망진창이 되고, 모든 것이 새롭고 흥분되는 데다 온갖 감정이 휘몰아치고 게다가 잠을 못 자서 제정신이 아니다. 그런 상황에서 아기의 첫 이돋이는 드라마틱하고 걱정스러우며 아기와 부모 모두에게 고단하기 짝이 없는 경험이다. 그런 부모가 객관적이고 정확하게 관찰할 수 있을지 심히 의문이 든다. 차라리 아무 상관 없는 전문가에게 물어보는 게 더 낫지 않을까?

그런 생각을 학자들이 하지 않은 게 아니어서, 이 주제와 아무 상관 없는 전문가들은 과연 이에 대해 무슨 말을 하는지를 조사해보았다. 아기가 특별한 인생 경험이 아니라 그냥 일상이기에 밤에 잠도 더 잘 자고 아이가 울고 보채고 열이 있어도 자기 아이가 아니니까 훨씬 더 침착하게 대처할 수 있는 의사와 간호사들이 조사 대상이었다.

하지만 이 전문가들 역시 이돋이의 흔한 부수현상으로 부모와 비슷한 증상들을 꼽았다. 가령 2005년에 소아과 의사, 간호사, 부모를 대상으로 실시한 이스라엘의 설문조사 결과도 그러했다. 플로리다의 소아과 의사들을 대상으로 실시한 1990년 설문조사는 심지어 1970년대에 비해 이돋이가 설사와 관련이 있다고 보는 소아과 의사가 더 늘어났다는 사실을 보여준다. 오스트레일리아 학자들은 누가 어떤 의견인지를 더 자세히 알고 싶어서 2002년에 70명의 약사, 114명의 가정의학과 의사, 88명의 소아과 의사, 91명의 치과 의사, 98명의 간호사를 대상으로 설문조사를 실시했다. 결과를 보면 어떤 직업군이든 모든 전문가가 이돋이가 이런 증상들과 일부라도 관련이 있다고 보았다.

여기서 흥미로운 점은 직업군에 따라 증상의 강도를 다르게 평가한다는 사실이다. 소아과 의사와 치과 의사는 약 3분의 1이 소수의 아기에게만 증상이 있다고 대답한 반면, 간호사와 약사는 절반 이상이 모든 아기에게서 증상이 나타난다고 보았다. 하지만 모두가 한목소리로 동감하는 지점이 있다. 이돋이가 부모에게도, 아기보다 더하지는 않다 해도 아기와 유사한 고통을 안긴다는 점이었다.

이게 무슨 뜻일까? 이가 날 때 무슨 일이 일어나는가 하는 질문은 간단한 설문조사로는 대답할 수 없다. 부모와 의사, 간호사, 약사가 각기 다른 생각을 하는데 그 생각들이 너무나 부정확하기 때문이다. 무엇이 맞는지를 확실히 알 수 있는 유일한 방법은 이돋이가 정말로 고열과 설사 등을 동반하는지를 구체적으로, 최대한 정밀하게 검사하는 것이다.

몇몇 학자들이 그 조사에 돌입했다. 가령 오스트레일리아의 학자들은 병원에서 아동 21명을 대상으로 90회의 이돋이 과정을 조사했다. 체온을 재고 이가 난 후 입속을 살펴보았고 부모와 병원 관계자들에게 매일 아기가 특정 증상을 보이는지 물었다. 아기의 기분이 어떤지, 건강 상태는 어떤지, 침을 흘리는지, 잠을 잘 자는지, 설사는 하지 않는지, 대소변 냄새가 어떤지, 뺨이 붉은지, 피부 발진은 없는지를 물어 체크했다. 또한 아기들에게 그런 증상들이 있을 경우 어떤 것이 이돋이로 인한 것인지를 알아내기 위해 '이돋이'가 정확히 무엇인지도 확정했다. 이돋이, 즉 '치아맹출'은 이의 끝부분이 처음으로 잇몸을 통과해 나와서 눈으로 볼 수 있거나 손으로 만질 수 있는 날을 말한다. '맹출기'는 그 닷새 전으로 정했고, '비맹출기'는 28일 이상 맹출이 없을 때를 뜻했다. 이렇게 상세하게 분류하고 잇몸을 매일 진단하는 한편 관찰한 증상들을 정밀조사했더니 특정 증상들과 이돋이 사이의 연관성이 실제로 존재하는지 여부를 정확하게 확인할 수 있었다. 그 결과 연관성은 없었다. 이 연구 결과는 고열, 기분 변화, 질병, 수면장애, 침, 설사, 특이한 소변 냄새, 붉은 피부가 이돋이와 아무 연관이 없다고 밝혔다.

미국 오하이오주에서 아동 125명을 대상으로 475회의 이돋이를 추적 조사한 다른 대규모 연구 결과 역시 매우 비슷했다. 의사들은 변비, 수면장애, 설사, 식욕부진, 기침, 구토, (얼굴 이외의) 피부 홍조, 고열과 이돋이의 연관성을 확인하지 못했고 35% 이상의 아기에게선 아무런 증상도 관찰하지 못했다.

진짜 재미난 사실은 이제부터 나온다. 앞서 소개했던 오스트레일리아 학자들은 연구를 마칠 무렵에 아기 부모들에게 다시 한번 이돋이와 부수현상들에 대해 물어보았다. 그랬더니 한 사람도 빠짐없이 모두가 자기 아이한테선 온갖 증상이 나타났었다고 대답했다. 하지만 실제 조사를 해보니 그렇지가 않았다. 어떻게 된 일일까?

오스트레일리아의 학자들은 그 이유가 첫 이가 특히 힘든 시기에 나기 때문이라고 추측했다. 생후 6개월쯤 되면 아이들은 슬슬 병치레가 잦아진다. 이전 6개월 동안 별 탈 없이 잘 지내던 아기가 갑자기 기침, 중이염, 설사, 기타 감염병에 자주 걸린다. 또 이 시기가 되면 침을 더 많이 흘리고 잠도 덜 잔다. 그런데 하필이면 이런 시기에 이까지 난다. 그래서 부모는 그 모든 질병과 갑작스러운 행동 변화를 이 탓으로 돌린다. 증상의 진짜 이유는 모른 채 애먼 이만 탓하는 것이다. 하긴 이가 워낙 난폭하게 잇몸을 뚫고 툭 튀어나오니까 누가 봐도 그렇게 생각할 법하다.

하지만 틀렸다. 의사들은 부모와 달리 걱정으로 안절부절못하지 않으니 여유를 갖고 질병의 원인을 추적할 수 있다. 따라서 질병의 증상을 함부로 이돋이 탓으로 돌리지 말라고 충고한다. 무조건 이돋이 때문이라고 생각하고 아이에게 진통제를 주다가는 심각한 질환의 초기 증상을 놓치게 된다고 말이다. 학자들이 입 모아 강조하듯 이돋이 시기의 질병 증상은 대부분이 이돋이와 관련이 없기 때문이다.

놀랍게도 아이에게 진통제를 주는 부모들이 의외로 많다. 다양한 연구 결과로 입증된 사실이다. 요르단에서 1,500명의 부모에게 설문조사를 했더니 약 75%가 이가 나는 아이에게 파라세타몰 같은 진통제를 먹이고 약 65%가 리도카인 같은 마취제를 잇몸에 발라준다고 응답했다. (우리가 본 의학 드라마에서는 상처를 꿰매거나 기관 내 삽입을 한 환자에게나 처방하는 약들이다.)

당신도 젊은 엄마 아빠인지라 지금 무척 화가 나는가? 학자들이 주장하는 사실을 도통 믿을 수 없는가? 당신은 분명히 증상들을 목격했는데 학자들은 아무 증상도 없다고 우긴다. (당신이 틀렸다는) 그들의 말을 어떻게 믿을 수 있을까? 믿으려고 노력해봐도, 몇 가지 시답잖은 의학 연구 결과만 봐서는 마음 놓고 믿을 수가 없을 것이다. 어떤 연구 결과건 의심스러운 내용이 발견될 수 있을 테니 말이다. (가령 앞에서 소개한 오스트레일리아의 연구 결과에는 이런 의문을 제기할 수 있을 것이다. 부모들의 대답이 믿을 만한가? 겨우 21명의 아기를 데리고 결론을 낼 수 있을까? 이돈이 5일 전을 맹출기로 보는 게 합당한가? 3일 전이나 9일 전은 왜 안 되는가?) 이것이 개별 연구의 비극적 운명이다. 개별적이다 보니 연구 주제, 측정 방법, 평가, 해석 등에서 항상 트집거리가 나오기 마련이고, 그래서 결코 완벽한 설득력을 갖출 수가 없는 것이다.

하지만 2016년 브라질의 치과 의사들이 실시한 메타분석의 경우엔 사정이 완전 다르다. 이돈이와 관련된 수많은 연구 결과를 수집해 각 연구 나름의 한계와 방법, 결과를 평가한 후 쓸 만한 것들만 걸러냈기 때문이다.

의사들은 총 1,179편의 연구 논문을 찾아냈고, 그중 대부분을 과학적으로 볼 수 없다는 이유로 도로 갖다버렸다. 결국 16편의 건실하고 진지한 연구 결과가 남았고, 그것을 바탕으로 다음과 같은 결론이 나왔다. 실제로 이가 날 때는 몇 가지 증상이 나타난다. 가령 앞니가 날 때는 체온이 높아지지만 고열이라고 할 정도는 아니다. 또 이가 날 때 잇몸이 붉어지고 심한 경우 잇몸 염증이 생기며 평소보다 침을 더 많이 흘리기도 한다. 하지만 흔히 이돋이의 증상으로 보는 다른 증상들은 이돋이와의 명백한 연관성이 없다. 따라서 현재의 과학 수준으로 볼 때 이런 결론을 내릴 수밖에 없다. 이돋이가 유발하는 반박불가한 두드러진 증상은 단 한 가지, 이빨뿐, 그 이외에는 전혀 없다. 누구도 반박할 수 없는 이돋이의 주요 증상은 단한 가지, 이가 난다는 것뿐이다. 그 밖에는 전혀 없다.

자, 그럼 이 결론이 나의 질문과 무슨 상관이 있을까? 우리 딸은 이가 날 때 (맹세컨대) 엉덩이가 빨갰고, 나는 왜 그런지 이유가 알고 싶었다. 그런데 이제 그 대답이 무엇인가? 대답이 없다는 게 대답인가? 내가 착각한 것이고, 나 역시 있지도 않은 증상을 보았다고 우기는 그런 한심한 부모 중 하나인가? 엉덩이가 빨개진 건 그냥 우연이었을 뿐 이랑 아무 상관도 없었다고? 입맛이 쓰지만 뭐 그럴 수도 있을 것이다.

그게 아니라면 우리 아이 엉덩이가 빨개진 건 이가 나면서 침이 많이 났고 그것을 많이 삼켜서 똥이 물러졌고 그래서 엉덩이 피부에 상처가 났기 때문일까? 그럴 수도 있다. 하지만 과학은 그건 절대 아니라고 손사래를 친다.

마지막으로 옛날이 다 좋았다고 생각하는 이들에게 한마디 하고 이 장을 마치려 한다. 앞에서도 말했듯 고대 사람들도 이돋이가 다양한 질병을 일으킨다고 믿었고, 그에 따라 당연히 온갖 치료법도 생각해냈다. 우리 선조들이 의학이라는 이름으로 저지른 짓들은 대부분 노약자와 임산부는 보지 않는 편이 좋아서, 이 경우도 예외가 아니었다. 우리 조상들이 젖니 나는 아기들에게 했던 짓들이 지금 우리 눈으로 보면 너무나 멍청하고 야만적이기 그지없기 때문이다. 가령 통증 완화를 위해 아기 뒷머리에 뜨거운 인두를 갖다 대었고, 잇몸에 거머리를 붙였으며, 의사들이 잇몸을 바늘로 찔러 피를 빼냈다. 의학이 발달하면서는 실로 온갖 것을 아기한테 주었다. 아편·아세트산납·수은·브롬화염 같은 독극물을 진통제로 투여했고, 국소마취를 시키겠다고 토끼 뇌·버터·닭기름을 잇몸에 발랐으며, 아기가 소화 문제나 복통이 없는데도 구토제와 설사제를 투여했다. 그러니 우리 아기들이 지금 태어난 것이 얼마나 행운인지 모른다.

6장

아빠도 젖을
먹일 수 있다고?

처음 아기가 막 태어났을 때는 대부분의 아빠들이 어찌할 바를 모르고 방황한다. 분만실에선 어쨌든 시키는 대로 따라 하면 되었지만 아기에게 젖을 물리는 순간이 와서 아기가 엄마 가슴에 붙어 젖을 빨기 시작하면 아빠는 그야말로 아무짝에도 쓸모가 없어진다. 엄마와 아기는 각자의 할 일을 하면서 오롯이 둘이서만 영양과 정을 나눈다.

　우리 집도 그랬다. 누군가 '슈퍼 마미'라고 적힌 찻잔을 선물해준 덕에 아내가 아기에게 젖을 먹이는 동안 그걸로 커피를 마실 수 있었지만, 내가 아빠가 된 기분을 느낄 수 있는 순간은 그게 다였다. 아이와 둘이서만 오붓하게 정을 쌓을 수 있으려면 아직 몇 년은 더 있어야 한다는 걸 절감했다. 나중에 아이가 자라면 롤러코스터도 같이 타고 엄마가 절대 못 하게 하는 것을 몰래 하게 해주어야지! 하지만 일단은 살짝 질투도 느끼며 아무짝에도 쓸모없는 관객으로 멍청히 구경만 할 수밖에 없었다. 그래도 어쩌겠는가. 자연은 수유하는 역할을 남자가 아닌 여자에게 맡겼다. 둘 다 젖을 먹일 수 있어 임무를 나눌 수 있다면 어떨까 상상했다. 그럼 남자들도 자연스럽게 아기와 기본적인 유대감을 쌓을 수 있을 것이다. 여자들은 밤에 안심하고 예비 수유 부대에 수유를 맡기고 푹 잘 수 있을 것이다.

정말 실용적이지 않은가? 게다가 수유도 하지 않을 거면서 젖꼭지는 왜 있단 말인가? (인터넷을 찾아보면 다양한 의견이 떠돈다. "물속에 어느 정도나 깊이 들어가도 되는지 알려고"라는 대답에서부터 "앞뒤 구분하려고"를 거쳐 "없으면 보기 사나우니까"까지 의견도 가지각색이다. 하지만 어떤 대답도 설득력은 없다.) 혹시 가능하다면? 혹시나 남자들도 젖을 먹일 수 있다면?

비록 내 몸에 과학자의 심장이 뛰고 있긴 하지만, 솔직히 말하자면 유축기나 진공청소기로 젖이 나오나 안 나오나 실험을 해보자니 망설여졌다. 실험이 성공할까도 의심스러웠고 그러다가 혹시 젖꼭지가 아파서 병원에 가게 되면 의사한테 무슨 말을 해야 할까 걱정도 되었다. 그렇다면 과학은 어떤 이야기를 할까? 남자도 젖을 먹일 수 있을까?

유명한 박물학자 알렉산더 폰 훔볼트Alexander von Humboldt의 말을 믿어도 된다면 대답은 "그렇다"이다. 훔볼트는 1800년 무렵 남미, 미국, 중앙아시아를 돌아다니며 관찰한 모든 내용을 기록으로 남겼다. 식물, 동물, 사람, 돌, 바람, 물, 날씨를 정밀하게 조사했고 물리학, 화학, 지질학, 광물학, 해부학, 인류학, 역사학, 기후학, 지리학, 동물학, 문헌학, 철학을 연구했다. 평생 한 번도 권태를 느껴보지 못했을 것 같은 그는 세기의 가장 위대한 학자로, 현대의 아리스토텔레스로 불린다. 그런 그가 1799년에 남미에서 젊은 농부를 만났는데 그 농부가 아들에게 젖을 먹이고 있었다고 했다. 훔볼트의 기록을 그대로 옮겨보자. "엄마가 아파서 아빠가 아기를 달래려고 침대로 데려가서 자기 젖을 물렸다. 그 농부는 이름이 로자노였고 나이는 32세였으며 그때까지 한 번도 젖이 나온 적이 없었지만, 아기가 젖꼭지를 빨자 자극을 받아 젖이 모였다. 젖은 기름지고 아주 달았다. 젖이 부풀어 오르자 깜짝 놀란 아빠가 아기에게 젖을 먹였고 그 후 다섯 달 동안 매일 하루 2~3회 수유를 했다."

자연과학자이자 문화학자였던 훔볼트는 주로 다음과 같은 문제들을 연구했다. 생명의 모든 형태와 연관성을 어떻게 파악할 수 있을까? 이 지상의 모든 생명체가 어떻게 하면 평화롭게 공존할 수 있을까? 이건 역사를 공부하는 숲의 요정이 물정도 모르고 던진 질문이 아니라, 우리가 사는 21세기에도, 아니 이 시대에야말로 더더욱 시의적절하고 절박한 질문이다. 혐오와 포퓰리즘적 민족주의, 플라스틱 쓰레기와 탄소배출, 산림파괴와 멸종이 넘쳐나는 이 시대에 말이다.

알렉산더 폰 훔볼트는 남자가 아기에게 젖을 먹이는 광경을 보았다고 했다. 그러니까 남자도 수유를 할 수 있는 걸까? 나는 의심스럽다. 주변에서 한 번도 그런 광경을 본 적이 없고 다른 곳에서 그런 소리를 들은 적도 없다. 훔볼트는 정말로 희귀하고 괴상망측한 광경을 본 것일까? 아니면 그가 제정신이 아니어서 착각했던 걸까? (그걸 봤다는 순간에 그가 착란을 일으키는 식물을 먹었거나 고산증 때문에 정신이 오락가락했을지 누가 알겠는가?) 나는 의심스럽다. 하지만 내가 감히 위대한 학자에게 함부로 반박해도 되는 걸까? 현대의 아리스토텔레스라는 사람에게? 게다가 수유하는 남자를 보았다는 사람이 훔볼트만이 아니다.

유명한 식물학자, 동물학자, 지리학자, 분류학자(분류학taxonomy은 세금tax하고는 아무 관련이 없고, 분류에 관한 학문이다. 예를 들면 동물을 과, 속, 종으로 정리하는 것이다)이자 《종의 기원

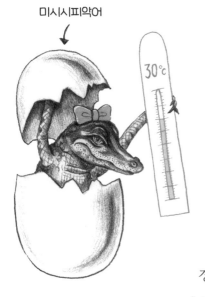

미시시피악어

30℃

On the Origin of Species by Means of Natural Selection》으로 현대 생물학의 새로운 세계상을 확립했던 진화론자 찰스 다윈Charles Darwin은 1871년에 이렇게 적었다. "인간을 포함하여 모든 포유류의 수컷에게는 퇴화된 유선이 있다. 다양한 경우에 이 유선이 잘 발달되어 풍부한 양의 젖을 만든다." 나는 한 번도 그런 경우를 본 적이 없으므로 주변을 돌아보면 예나 지금이나 이런 의문이 든다. 누가 옳은가? 유명한 두 자연과학자인가? 아니면 나의 직관인가?

실제로 남자들에게도 유선은 있다. 그건 남자도 초기 태아 때는 중성이기 때문이다. 그 태아는 아직 남자가 될지 여자가 될지 몰라서 만일의 사태를 대비하여 양쪽에 필요한 모든 것을 갖추고 있다.

인간의 성은 수정될 때 이미 정해지기 때문에 그때부터 체세포, 더 정확히 말해 '염색체'만 보아도 성별을 알 수 있다. 염색체는 유전정보와 단백질을 가진 특정 세포물질이다.

우리 인간은 세포 안에 23쌍의 염색체를 갖고 있는데 그중 22쌍, 즉 거의 모두는 남녀가 동일하다. 다만 23번째 쌍이 다른데 바로 거기에 성염색체가 있다. 인간의 경우 성염색체의 종류는 X와 Y, 이렇게 두 가지다. 이 두 종이 23번째 염색체 쌍에서 어떻게 결합하느냐에 따라서 남녀의 차이가 생긴다. 여성의 경우 X염색체가 두 개이고 남성의 경우 X염색체 하나와 작은 Y염색체 하나가 결합한다. (여성의 상태, 즉 XX는 동형접합체homozygot라 부르고 남성의 상태, 즉 XY는 단가접합체hemizygot라고 부른다.) 이 시스템(여성의 경우 XX, 남성의 경우 XY)은 대부분의 포유류에서도 발견된다. (조류와 파충류는 그렇지 않다. 이들의 경우엔 염색체 결합이 아니라 부화 온도가 암수를 결정한다. 대표적으로 미시시피악어는 30도 이하면 암컷이 되고 34도 이상이면 대부분 수컷이 된다.)

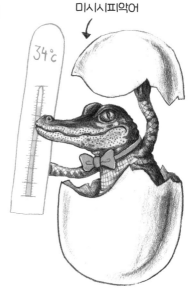

미시시피악어

34℃

남녀의 차이는 수정되는 순간에 생겨난다. 정확히 따지면 모든 체세포가 23쌍의 염색체를 가진 것이 아니기 때문이다. 즉 난자와 정자는

23쌍이 아니라 23개의 염색체만 갖고 있다. 이 경우도 처음 22개는 똑같고 마지막 한 개만 다르다. 여성의 난자에는 정확히 한 개의 X염색체가 들어 있고 남성의 정자에는 X 아니면 Y염색체가 들어 있다. 둘 중 어떤 것이 있는지는 순전히 우연이다.

　X염색체를 가진 정자가 난자와 수정하면 태아는 두 개의 X염색체를 갖게 되어 여자가 된다. 반대로 Y염색체를 가진 정자가 난자와 결합하면 태아의 염색체는 XY가 되어 남자가 된다. 그러니까 대부분의 경우 수정되는 순간에 딸인지 아들인지가 결정된다. 다만 태아 역시도 처음 몇 주 동안엔 자기 성별을 모른다. 그 몇 주 동안엔 태아가 중성이기 때문이다.

　신생아의 약 0.3%에서 성염색체가 XX(여성), XY(남성)의 도식을 벗어난다. 가령 X염색체가 이미 두 개인데도 다시 Y염색체가 추가되어 XXY 상태가 되는 것이다. 이런 상태의 사람은 Y염색체 때문에 남성으로 성장하지만 정자를 생산하지 못한다. 또 X염색체만 세 개여서 XXX 상태인 경우도 있다. (인터넷에 XXX를 검색하려다가 깜짝 놀라시는 분들이 많을 것이다. 영화가 많이 뜨기 때문일 텐데 빈 디젤이 출연한 트리플엑스 시리즈도 그중 하나다.) XXX증후군(초여성증후군super female syndrom)이라고도 부르는 이런 상태의 여성들은 학습장애를 앓는 경우가 많다.

　초기 태아의 세포에는 그것이 자라 어떤 성별이 될지가 미리 프로그래밍되어 있다. 하지만 아직 태아의 신체는 남자도 여자도 될 수 있는 실용적인 혼성이다. 그리고 여전히 한쪽으로 방향을 틀지 않은 7주 무렵에 유방 능선mammary ridge이 생겨난다. 겨드랑이에서 허리까지 양옆으로 이어지는 피부 조직이 띠 모양으로 두꺼워지는 것인데 나중에 대부분 다시 사라지지만 가슴 부위에선 그대로 남아 유선으로 발달한다.

태아의 유방 능선이 제대로 퇴화되지 않으면 젖꼭지가 여러 개 생길 수 있다. 제임스 본드 영화 〈007 황금총을 가진 사나이〉에서 나쁜 놈 스카라망가는 젖꼭지가 세 개였고(그런데도 영화제목은 〈젖꼭지를 세 개 가진 사나이〉가 아니었다), 배우 틸다 스윈턴과 마크 월버그도 젖꼭지가 세 개다. 10대에 스타가 된 팝 가수 해리 스타일스는 젖꼭지가 자그마치 4개나 된다. 이런 젖꼭지를 두고 전문용어로는 폴리테리아polythelia, 즉 다유두증이라고 부르는데 폴리에틸렌하고 헷갈리면 안 된다. 폴리에틸렌은 플라스틱이다. 보통 이런 추가 젖꼭지는 위험성은 없지만 보기에 안 좋다고 생각하면 제거할 수 있다.

남아의 경우 7주부터 성호르몬 테스토스테론이 작용하여 음낭과 페니스를 성장시키고 이제 막 생긴 유선을 도로 퇴화시킨다. 젖꼭지는 테스토스테론의 영향에서 자유로워 그대로 남는다. 그러니까 남자의 젖꼭지는 신체가 아직 완성되지 않아서 남성이 아니었던 시절의 기억이자 인생 초반의 잔재인 셈이다. 성호르몬 테스토스테론이 부족하면 태아는 여자로 자라난다.

테스토스테론은 남성 성기뿐 아니라 다른 여러 가지를 책임진다. 대표적인 것이 뼈와 근육, 지방과 당의 신진대사, 체모이다. 흔히 테스토스테론이 많으면 성욕이 세고 성 충동, 지속성, 공격성이 강하다고 생각한다. 하지만 이런 식의 생각은 너무 단편적이다. 테스토스테론이 인간에게 어떤 영향을 미치는지는 쉽게 일반화할 수 없고 수많은 다른 영향과 상황에 좌우되기 때문이다. (그러니 사랑하는 남성 독자들에게 시급히 조언하는바, 성욕을 높이고 섹스 시간을 늘리기 위해 테스토스테론 몇 숟갈 먹어보자는 생각은 아예 하지 마라. 끝이 좋지 않다.) 동물의 경우는 더 명확하다. 테스토스테론은 공격적 행동과 위압적 행동, 교미 충동을 높인다. 테스토스테론은 1935년 의학자 에른스트 라쾨르Ernst Laqueur가 황소의 고환에서 처음으로 추출했다. (혹시 스페인에 가시거든 소 고환 요리도 한번 드셔보시기를. 원래 전통 요리는 고온에서 마늘과 화이트 와인에 얼른 볶지만 약간 이국의 맛을 느끼고 싶다면 버터에 볶고 위스키를 붓고 불을 붙인 후 그린 마살라 커리 페이스트, 양송이버섯, 곰보버섯을 넣고 끓인다. 왜 뜬금없이 소 고환 요리냐고? 아, 글쎄, 일단 한번 드셔보면 안다니까.)

남아의 경우 유선이 퇴화하지만 완전히 사라지지는 않아

서 아무 기능 없이 미완성 상태로, 그러니까 골조만 세운 건물처럼 덩그러니 몸에 남는다. 사용하지는 않지만 그렇다고 방해가 되는 것은 아니니까 말이다. 자연은 워낙 실용파라서 있는 시설을 굳이 힘들여 해체하여 완전히 없애지 않고 그냥 그대로 내버려둔다. 그래서 남성의 가슴은 (적어도 대부분의 경우) 겉은 여성의 가슴과 다르게 생겼지만 속은 우리가 생각하는 것 이상으로 비슷하다. 따라서 기술적으로만 보면 성인 남성도 젖을 만들 수 있는 해부학적 설비를 갖춘 셈이다. 물론 이론적으로만 그렇다. 남성의 경우 유선은 기능을 못 하고 발달도 덜 되었다. 그래서 건강한 남성의 가슴은 젖을 만들지 않는다.

다만 뇌하수체 종양처럼 특정 장애가 발생하거나 전립선암을 치료하기 위해 여성호르몬을 사용하는 바람에 호르몬이 뒤죽박죽되면 남성의 유선이 성장해 젖과 비슷한 액체가 흘러나올 수 있다. 하지만 설사 그렇다고 해도 몇 방울에 지나지 않아 아기를 먹이기에는 턱없이 부족하다. 또 이렇게 생긴 아빠 젖(남성의 유선이 특수 상황에서 생산하는 분비물을 젖 말고는 달리 부를 이름이 없으므로)에 충분한 양의 지방과 단백질, 탄수화물, 비타민, 무기질, 미량원소가 들어 있는지도 미지수다. 의학 전문서적을 아무리 뒤져봐도 남성이 수유를 할 수 있는지, 있다면 어떻게 그럴 수 있는지를 다룬 연구 결과는 없다시피 하니까 말이다.

생산시설, 즉 유선이 있다고 해서 바로 젖이 만들어지는 것도 아니다. 모유를 만들자면 전달물질이 있어야 한다. 여성이라고 해서 늘 모유를 생산하지는 않는다. 대부분 아이가 태어나면 그때 비로소 생산을 시작한다. 모유 형성을 자극하는 이 물질은 프로락틴이라는 호르몬이다. 여성은 임신기간에 차츰 이 호르몬이 증가하며, 아기가 태어날 무렵이면 유선 역시 언제라도 생산에 돌입할 수 있도록 만반의 태세를 갖춘다.

프로락틴은 남성의 혈액에서도 발견되며, 재미있게도 남성 역시 자식이 태어나면 적은 양이기는 해도 혈중 프로락틴 농도가 증가한다. 이게 무슨 뜻일까? 프로락틴 수치가 높아지는 것도 태아 시절의 잔재일까? 남성과 여성 둘 다에게 있지만 남성의 경우엔 의미가 없어진 신체 메커니즘에 불과한 걸까? 그게 아니면 원래 자연은 남성에게도 수유를 맡길 생각이었던 걸까? 그것도 아니면 전혀 다른 뜻이 숨어 있는 걸까? 아직 정확히 밝혀진 사항이 없으므로 우리는 추측할 수밖에 없다. 하지만 분명한 것은 남성의 프로락틴 양은 젖을 생산하기에는 턱없이 부족하다는 점이다. 어쩌면 프로락틴이 모유 생산을 넘어 아기를 보살피고 키우는 '포육' 활동 전반에 필요한 여러 가지 체내 물질을 조절할지도 모른다. 그렇다면 남자에게도 프로락틴이 있고 아빠가 되면 그 수치가 높아지는 게 그리 놀랄 일이 아닌 것이다.

여성의 경우 임신기와 수유기뿐 아니라 다른 상황에서도 프로락틴이 분비된다. 특히 많은 양의 프로락틴이 분비되는 경우는 가령 마리화나를 하거나 스트레스가 격심할 때, 가슴을 자극할 때, 오르가슴을 느낄 때, 맥주를 많이 마실 때이다.

임신기간에는 체내 프로락틴 분비량이 평소의 20배에 달하지만 제동을 거는 다른 호르몬들이 아직 많다. 하지만 출산 후엔 이 훼방꾼들이 급격히 줄어들면서 프로락틴이 마음껏 활약을 펼칠 수 있다. 게다가 아이가 엄마 젖을 빤다. 그로 인해 프로락틴 생산이 다시 한번 늘어나서 마침내 모유 개시 상태가 된다. 출산 후 2~3일이 지나면, 다시 말해 수개월의 준비가 끝나고 아기가 몇 차례 젖을 빨고 나면 드디어 모유 시스템은 완벽한 설비를 마치고 부릉부릉 시동을 걸어 가동을 시작한다. 수유가 시작되는 것이다.

제일 처음 나오는 젖은 '초유colostrum'라고 부른다. 걸쭉하고 노란색을 띠며 이후에 나오는 평상시 젖과는 성분도 다르다. 초유는 아기의 면역체계를 강화하고 첫 대변을 자극하며 (결과물을 보고 놀라지 말기를. 대부분의 첫 똥은 거무스름한 녹색을 띤다. 이에 대해서는 〈10장 왜 아기 똥은 색깔이 다채로울까?〉에서 자세히 살펴보기로 하자) 신생아황달을 예방한다.

아기의 빨기 반사는 모유 호르몬 분비를 촉진하는 데 큰 도움이 되지만, 반드시 필요한 것은 아니다. 호르몬은 아기가 빨지 않아도 유방을 자극하면 분비되는데, 임신한 적이 없어서 출산을 하지 않은 여성이라도 가능하다. 여성의 유방을 빨기, 문지르기, 짜기 동작으로 자극하면—아기가 빨든 손이나 유축기로 짜거나 문지르든—젖이 나온다. 그래서 아기를 낳지 않은 여성도 이런 식으로 아기에게 젖을 먹일 수가 있다. 이를 두고 대리수유 혹은 더 기술적이고 일반적인 용어를 사용해 유도수유induced lactation라고 부른다.

유도수유, 그러니까 인위적인 모유 생산 유도는 꼭 아기와 관련이 없어도 된다. 아예 수유와 전혀 관련이 없을 수도 있다. 2000년 독일 대중가수 위르겐 드루스가 아내 라모나와 스위스 TV에 출연한 적이 있었다. 그때 라모나가 출산한 지 5년이 지났는데도 젖이 나오냐는 질문을 받고 증거를 보여주기 위해 가슴을 드러내고 스튜디오에 젖을 뿌렸다. 그 장면을 직접 보지 못했다 해도 괜찮다. 굳이 그런 자극적인 영상을 불러오지 않아도 객관적으로 말할 수 있다. 모유를 즐기는 어른들이 제법 있다고 말이다. 상세한 내용을 알고 싶다면 '에로틱한 젖 먹이기erotic lactation'나 '성인들의 수유 관계adult nursing relationship'를 검색해보면 될 것이다. 하지만 혹시 모르니까 직장 컴퓨터에선 검색하지 말라고 권하고 싶다.

그러니까 남성의 경우 유선은 사용 준비를 마치지 못했고 모유 호르몬은 양이 너무 적어서 유선을 활성화하지 못한다. 그래도 프로락틴을 많이 투여하면 모유 생산을 자극하여 젖을 먹일 수 있지 않을까? 듣기엔 그럴싸한 아이디어 같지만 듣기에만 그렇다. 호르몬은 엄청나게 복잡한 물질이어서 그걸 가지고 함부로 실험을 해대면 절대 안 된다. 어쨌거나 남성의 유선은 아무리 노력을 기울여도 여성만큼 능력을 발휘할 수 없다는 것이 전문가들의 공통된 의견이다.

호르몬 학문인 내분비학endocrinology은 정말이지 흥미로운 연구 분야이다. 호르몬은 우리 몸의 감독이다. 성장에서 성욕에 이르기까지 온갖 것을 조종한다. 가령 호르몬은 심장 순환계, 소화, 뼈 생성, 체온, 수면, 사춘기, 생리주기, 임신, 갱년기, 에너지, 감정을 조절한다. 그래서 낮과 밤의 생체리듬을 조절하는 호르몬인 멜라토닌은 밤이 되면 피곤해지고 아침이 되면 정신이 번쩍 들게 해주며, 스트레스 호르몬인 아드레날린은 얼른 도망칠 수 있게 힘을 끌어모으며, 행복 호르몬인 세로토닌은 생기가 넘치고 기분이 좋아지게 하고, 신진대사 호르몬인 인슐린은 생명에 필요한 에너지를 당의 형태로 저장하고, 의욕 호르몬인 도파민은 기대감과 의욕을 선사하며, 애착 호르몬인 옥시토신은 인간관계를 조종한다.
호르몬은 매력적인 화학물질이어서 그것이 우리 몸에서—24시간

내내 정교하고도 능수능란하게—작용하는 방식도 놀랍고 복잡하다. 그래서 우리는 아직 그것이 정확히 어떻게 작동하고 협력하는지를 세세한 부분까지 전부 다 알지 못한다 호르몬 균형이 깨지면 질병을 유발할 수 있어서, 가령 다양한 암에서도 호르몬이 큰 역할을 한다. 또 우리 몸을 외부에서 조종할 수 있도록 도와줄 수도 있다. 대표적인 사례가 피임약이다. 많은 이들이 호르몬의 도움으로 젊음을 유지하고 장수하기를 꿈꾸며 디하이드로에피안드로스테론을 복용한다. (당신도 그 대열에 끼고 싶은데 이름이 너무 길어 도저히 외울 수 없어 한스럽다면 안심하라. 그냥 DHEA로 줄여 말해도 괜찮다. 미국의 경우 처방 없이도 영양보충제로 구입할 수 있다. 하지만 나는 그러지 말라고 간곡히 말리고 싶다. 지금껏 그 물질의 활력 증진 효과가 입증되지 않았기 때문이다. 전문가들은 DHEA가 특히 두통과 수면장애를 일으킬 수 있다며 노화 방지 제제로 복용해서는 안 된다고 경고한다. 몇몇 연구 결과를 보면 심지어 암 발생 위험을 높인다고 한다.) 보디빌더들도 소마트로핀 같은 호르몬으로 근육 발달을 살짝 도와주고픈 유혹을 느낄 수 있겠지만 그런 생각일랑 아예 하지를 마라.

이 모든 사실이 남자로서 젖을 먹일 수 있는가 하는 나의 질문과 무슨 관련이 있을까? 훔볼트와 다윈의 말이 옳았고 실제로도 가능할까? 아니면 남성의 신체는 유선이 있어도 수유에는 적합하지 않은 것일까?

앞에서도 말했듯 이 문제에 관한 연구 현황은 불만족스럽다. 2018년 뉴욕의 두 의사가 전문잡지 《트렌스젠더 건강 *Transgender Health*》에 논문을 실었다. 거기서 그들은 서른 살의 트렌스젠더 여성, 그러니까 태어날 때는 남성의 특징을 바탕으로 남성으로 분류되었던 한 여성의 사례를 소개했다. 그녀에게 그들이 약품을 주었더니 아기에게 젖을 먹일 수 있었다고 한다.

이 여성은 성전환 수술은 받지 않았지만 6년 전부터 테스토스테론 억제제와 여성 성호르몬을 토대로 한 호르몬 치료를 받았기 때문에 이미 유방이 정상 발달로 보일 만큼 커진 상태였다. 그런데 임신 5개월이던 여성 파트너가 수유를 하지 않겠다고 하자, 앞서 말한 뉴욕의 의사들을 찾아와서 자신이 수유를 할 수 없겠느냐고 문의했다. 의사들은 기존의 호르몬 구성을 바꾸어 3개월 동안 프로락틴 수치를 높이는 돔페리돈이라는 이름의 작용물질을 처방했고, 유축기를 이용해 유방을 자극하여 수유 훈련을 하도록 했다. 결국 그 여성은 매일 약 200밀리리터의 모유를 생산했다. 6주 동안 아기를 배불리 먹일 수 있을 정도의 양이었다. 소아과 의사는 이 시기 동안 아기의 성장, 수유행동, 배변활동이 정상적으로 발달했다고 진단했다. 6주 후 이 부모는 아이에게 추가로 완제품 이유식을 먹이기 시작했다.

트랜스젠더 여성이 필요한 양의 모유를 생산할 수 있으려면 꼭 이런저런 약품과 조치가 필요한지, 또 그 모유가 생물학적 엄마의 모유만큼 영양이 풍부한지는 아직 연구되지 않은 문제다. 추가 연구를 통해 더 자세한 조사가 필요하며 연구 방법도 개선해야 할 것이다. 이 논문은 최초의 개별사례 보고에 불과하기에 많은 내용을 알아낼 수는 없다. 하지만 어쨌거나 남성의 신체도 몇 주 동안 수유가 가능할 정도로 충분한 양의 젖을 생산하게 할 수 있다는 사실을 보여준다.

그러니까 남성들도 수유를 할 수 있는 것이다. 물론 극단적인 상황이고 호르몬 칵테일을 집중 투여했지만 말이다. 하지만 정상적인 경우, 그러니까 질병이 없거나 약물의 장기 투여로 호르몬이 변하지 않는다면 남성은 수유를 할 수가 없다.

그 트렌스젠더 여성의 치료에 사용한 돔페리돈은 구토 방지 효능이 있는 약물이며, 프로락틴 생산 증가는 부작용이다. 따라서 독일에서 모유 생산 용도로 돔페리돈을 사용하는 것은 금지된다. 미국의 경우 이 물질이 심정지를 일으킬 수 있다는 의심에 근거하여 아예 사용을 금지한다. 그래서 그 트랜스젠더 여성도 캐나다에 가서 치료를 받았다. 돔페리돈을 돔페리뇽하고 헷갈리지 마시라. 돔페리뇽은 예전에 제임스 본드가 즐겨 마시던 비싼 샴페인 이름이다. (하긴 얼마 전부터는 제임스 본드도 볼랭저로 갈아타버렸다.)

분명 훔볼트와 다윈이 전한 소식은 개별 사건이고, 사실 여부를 우리가 점검할 수 없다. 하지만 남자들이 유방을 키우거나 젖을 먹이는 경우, 혹은 둘 다인 경우가 존재하는 것도 분명하다. 그래도 보통 그런 일은 앞에서도 언급했듯 질병이 있거나 특정 약물을 복용하거나, 굶주린 상황에서 일어난다. (너무 굶주리면 호르몬선과 간의 균형이 깨져서 호르몬 장애가 일어날 수 있다고 추정된다.)

풀리처상을 수상한 미국 생리학자 재레드 다이아몬드Jared Diamond는 직장일과 가사를 병행해야 하는 워킹맘이 늘어나 아빠들이 육아에 적극 동참해야 하는 시대에 남성의 수유는 장점이 많다고 본다. 설비가 갖추어져 있으니 우리 남성들도 언젠가 그 설비를 적극 이용할 날이 올 수도 있을 것이다. 동남

아시아에 사는 다약과일박쥐처럼 말이다. 이 녀석들은 특수한 상황이 아니어도 수컷이 아주 자연스럽게 젖을 먹인다.

덧붙여두자면 아기들도 젖을 만들 수 있다. 드문 경우지만 신생아의 젖꼭지가 출생 직후 부풀어 올라서 젖과 비슷한 액체를 내보내는 것이다. 이상한 현상이다 보니 부모들은 기겁하지만 별일 아니니 걱정하지 않아도 된다. 아기는 엄마 배 속에 있을 때 엄마에게서 영양을 공급받는데, 이 시기 엄마 몸이 수유를 준비하려고 프로락틴과 에스트로겐을 듬뿍 내보내는 터라 아기가 엄마의 호르몬을 같이 먹게 되어 세상에 나온 후에 스스로 젖을 만드는 것이다. 이런 증상은 성별의 차이가 없고 대부분 2주 후에는 절로 사라진다. 예전에는 호르몬이 뭔지 몰랐으므로 그것도 다 마녀 짓이라고 믿었다. (하긴 설명할 수 없는 일은 무조건 다 마녀의 짓이었다.) 그래서 출생 직후의 아기 유두에서 흘러나오는 젖을 '마녀의 젖Hexenmilch'이라고 부른다. 과학적으로 보면 좀 후진 용어다.

7장

아기에게 절대
꿀은 안 됩니다!

이건 심각한 문제다. 신생아를 키우다 보면 매력적이고 이상하고 놀라운 일이 참 많지만 그 못지않게 위험한 것도 참 많다. 대표적인 것이 꿀이다.

아기가 젖을 먹지 않으려 하고 고무젖꼭지도 자꾸 뱉어내면, 엄마 젖꼭지나 공갈 젖꼭지에 꿀을 살짝 발라서 유혹해보면 어떨까 하는 생각이 들 수 있다. 아기가 울거나 보챌 때도 엄마나 아빠 손가락에 꿀을 발라서 아기 입에 대주면 그걸 빨아 먹느라 조용해질 것이다. 어른들이 그렇듯 아기들도 단것을 좋아하니까 말이다. 우리도 직장에서 스트레스를 심하게 받거나 실연을 당했을 때 초콜릿 한 조각을 입에 넣고 시름을 달래지 않는가. 그러니 아기도 꿀 한 방울로 달랠 수 있지 않을까? 게다가 꿀은 달기만 한 설탕에 비하면 건강에도 좋다. 자연에서 온 식품이니 소화도 잘될 것이다. 아마 대부분의 부모가 그렇게 생각할 것이다.

실제로 꿀은 자연식품이고 아기들도 좋아한다. 하지만 우리 생각과 달리 건강에 좋지도 소화가 잘되지도 않을뿐더러, 아기에게 해롭다. 꿀에는 특정 박테리아와 그것의 '포자'가 들어 있기 때문이다.

포자는 많은 종의 박테리아가 변신할 수 있는 매력적인 상태다. 즉 박테리아가 건조한 작은 공 모양으로 몸을 줄이고 두꺼운 벽을 두른 채 활동을 하지 않는 상태다. 이런 튼튼하고 움직임 없는 상태에서는 기존의 형태로는 절대로 살 수 없는 최악의 조건에서도 오래오래 살아남을 수 있다. 그러니까 포자 상태는 일종의 견고한 겨울잠이자 강력한 장기보존인 셈이다. 우리 인간은 절대 불가능한 일이다 보니 살짝 부러운 것도 사실이다. 우리는 날씨가 너무 더우면 죽지만 박테리아는 포자가 되어 그 불쾌한 시간을 그냥 개기면 된다. 대신 우리 인간은 농담도 할 수 있고 피아노도 칠 수 있고 컴퓨터도 만들고 우주탐험도 할 수 있다. 박테리아는 (아마도) 못 할 것이다. 그러니 뭐든 장점이 있으면 단점이 있는 법이다.

구체적으로 카우사 꿀에는 보툴리누스균, 즉 클로스트리듐 보툴리눔clostridium botulinum이라는 박테리아가 들어 있다. 이 박테리아의 포자는 사실 먼지나 흙 등 어디서나 발견되므로 꿀에도 자주 들어간다. 벌들은 꽃꿀을 따서 벌꿀로 바꿀 적에 박테리아 포자 몇 개가 들어가더라도 신경 쓰지 않기 때문이다.

정확히 말하면 벌들에겐 주머니가 없다. 아마 당신도 알고 있을 것이다. 흔히 꿀주머니라고 표현하지만 사실 그건 위장의 다른 말에 불과하다. 벌이 달콤한 꽃꿀을 먹고 집으로 돌아와서 토하면 다른 벌이 그 토한 것을 먹고 또 토하고, 다른 벌이 또 그것을 먹고 토하는 식이다. 꿀은 그렇게 생긴다. 우리가 벌들에게 특별히 감사할 일은 아니다.

그래서 모든 꿀의 시료에선 5%꼴로 클로스트리듐 보툴리눔 포자가 발견된다. 독일 정부가 질병의 인식, 예방, 치료를 위해 만든 연구기관인 '로베르트 코흐 연구소'의 한 전문가가 한 말이다. 아기가 그런 꿀을 먹으면 포자가 아기의 장으로 들어가서 활동적인 박테리아로 자라난다. 이제 막 포자의 겨울잠에서 깨어나 사기충천한 박테리아는 당연히 활발하게 독성 물질을 생산해댈 것이다.

인간에겐 대장이 크게 식욕을 돋우는 장소가 아니지만 박테리아에 겐 아주 따뜻하고 아늑한 곳이다. 그래서 박테리아는 대장을 좋아 한다. 건강한 성인 남성은 최대 100조 개의 박테리아를 데리고 다 닌다. 그렇게나 많이? (숫자가 너무 어마어마해 도저히 상상이 안 된다 면 조금 줄여보는 것도 나쁘지 않겠다. 지금 산책 중인 당신은 대장에 든 약 200그램의 박테리아와 함께 걷는 중이다.) 대장에 대해, 특히 아기 대장 에 대해 더 많은 것을 알고 싶다면 〈10장 왜 아기 똥은 색깔이 다채 로울까?〉에서 더 알아보자.

박테리아, 즉 세균이 장에 뿜어내는 이 신경독은 근육마비 를 일으키기 때문에 돌이 지나지 않은 어린 아기에겐 매우 위 험하다. 이때의 증상은 변비가 생기고 젖을 빨 수도 삼킬 수도 없고 눈꺼풀이 처지고 머리를 들지 못하며 전체적으로 축 늘 어진다. 이를 전문용어로 근긴장저하 영아floppy baby라고 부른 다. 최악의 경우엔 호흡정지가 일어날 수 있고, 그렇게 되면 사 망할 수도 있다. 독일 정부를 대신하여 보건상의 위험을 찾아 내 연구하고 평가하는 '독일 연방 위험평가연구소'는 돌배기 아기에겐 절대 꿀을 먹이지 말라고 충고한다.

나도 딸이 태어났을 때 이미 아기에게 꿀을 먹이면 안 된다 는 걸 알고 있었지만, 왜 그런지, 먹이면 어떤 일이 일어나는 지는 전혀 몰랐다. 식구가 하나 늘어난 새로운 일상에 지치고 흥분하고 행복하고 압도당해 온갖 충고와 조언을 과학적으로 추적해볼 엄두를 내지 못했다. 어쩌다 친척이나 친구에게 아기를 맡겨야 할 때면 차마 발길을 돌리지 못하고 혀를 놀려 수천만 가지 주의사항을 주절대는 나 자신이 집요하고 호들갑 떠는 골치 아픈 애 아빠로 느껴졌다. 하지만 박테리아 포자와 그것이 내뿜는 신경독에 대해 잘 아는 지금 와서 생각해보면 육아설명서를 무시하지 않고 호들갑 떨며 꿀을 절대 금지하기를 얼마나 잘했는지 모른다.

아기가 자라남에 따라 꿀의 문제점도 줄어든다. 혹시 들어 있을지 모를 포자가 아이에게 더 이상 해를 끼칠 수 없기 때문이다. 그사이 아기의 장에서는 박테리아 공동체인 장내미생물이 성장하여 온갖 임무를 처리한다. 무엇보다 클로스트리듐 보툴리눔 종이 장에 둥지를 틀지 못하게 막아준다. 사실 클로스트리듐 보툴리눔은 장내미생물이 크게 줄어든 만성질환 환자에게서나 문제를 일으킬 수 있을 뿐이어서 다른 사람들에겐 꿀이 전혀 위험하지 않다. 다만 너무 어려서 장내미생물이 아직 발달하지 못한 아기에겐 위험요인이 될 수 있는 것이다.

진짜로 나쁜 놈은 꿀에 든 포자인데 왜 계속 꿀 이야기만 하고 있을까, 궁금해할지도 모르겠다. 사실 이 포자는 꿀에서만 발견되는 게 아니라 사방 곳곳에 널려 있는데 왜 콕 집어 꿀만 가지고 시비를 거는 걸까? 좋은 질문이다. 아마도 아기가 상대적으로 꿀을 자주 접하기 때문이 아닐까 생각된다. 부모와 조부모가 아기에게 먼지나 흙보다는 아무래도 꿀을 더 많이 건네지 않겠는가? 게다가 클로스트리듐 보툴리눔은 꿀 속에 있을 때 상당히 편안하고 행복하다. 이 박테리아는 산소를 못 견디는 편성 혐기성 세균obligatory anaerobic bacteria이다. (산소가 해로워서 꿀 속처럼 산소가 적은 환경에서만 성장발육을 할 수 있는 생명체를 전문용어로 이렇게 부른다.)

물론 아기는 꿀이 아니어도 클로스트리듐 보툴리눔에 감염될 수 있다. 가령 포자가 들어 있는 더러운 것을 삼키거나 박테리아의 신경독을 직접 들이마실 수 있는 것이다. 그런 중독의 정확한 원인은 쉽게 알 수가 없다. 무엇보다도 포자가 몸에 들어오는 순간부터 질병 증상이 나타날 때까지의 기간이 저마다 다르기 때문이다. 보통 아기들이 첫 증상을 보이기까지 열흘 정도가 걸린다. 독을 어떤 방식으로 얼마나 들이켰는지에 따라서 몇 시간 만에 아플 수도 있고 2주를 꽉 채운 후에야 증상이 나타날 수도 있다. 그러니 가령 2주 전에 아기에게 꿀을 먹였는지 혹은 아기가 흙이나 먼지와 접촉했는지 기억할 수 있는 부모가 몇이나 되겠는가?

게다가 포자는 허브, 채소, 과일 등 다른 식품에도 들어 있다. 독일 연방 위험평가연구소는 이런 이유에서 직접 키운 채소와 허브를 저장용으로 오일에 절이지 말라고 권고한다. (더 정확히 말하면 오일에 절이는 것 자체를 금하는 건 아니다. 정성을 다해 절여도 좋다. 다만 직접 만든 음식을 아기에서 먹이지는 말라는 말이다.) 첫째로 과일, 허브, 채소에 위험한 포자가 들어갈 수 있기 때문이며, 둘째는 오일 절임이 특히 위험하기 때문이다. 오일에 절이면 식품에 산소가 들어가지 못할 텐데, 그것이야말로 클로스트리듐 보툴리눔이 증식하기에 완벽한 조건이다. 이 박테리아는 앞에서 말했듯 혐기성이다. 다시 말해 상쾌한 공기가 (더 정확하게 말하면 산소 분자가) 필요 없기 때문에 두꺼운 기름층 밑에 갇혀 있으면 정말이지 아늑하고 행복하다. 오일에 담그기 전에 채소를 미리 가열해도 별 도움이 안 된다. 포자는 저항력이 있어서 보통의 요리 과정으로는 거뜬하게 살아남는다. 아주 푹푹 삶는다고 해도 포자가 전부는 아니더라도 일부는 살아남아서 온도를 그것밖에 못 올리냐며 당신을 비웃을 것이다. 클로스트리듐 보툴리눔을 확실히 죽이려면 120도는 넘어야 하는데 일반 가정에서는 그럴 수가 없다. 그 말은 아기에게는 집에서 직접 만든 안티파스토 요리는 [이탈리아 요리의 애피타이저로, 절이거나 훈제한 육류와 소시지, 올리브, 소금에 절인 안초비와 정어리, 신선한 야채나 피클 절임한 야채, 갑각류, 후추, 치즈 등을 즐겨 먹는다] 주지 않는 게 좋다는 뜻이다. (구체적인 중독의 위험이 없다고 해도 어차피 아기는 이가 없어 씹지도 못하는 데다 지중해식 특별 요리의 가치를 높이 평가해주지도 않는다.)

식재료 이야기가 나와서 하는 말이지만 사실 꿀만 문제는 아니다. 19세기 초 독일 의사이자 시인인 유스티누스 케르너Justinus Kerner는 치명적일 수도 있는 심각한 질환이 우연이 아니라 상한 피소시지와 간소시지를 먹었기 때문이라는 사실을 알아차렸다. 그리고 그 질병에 소시지를 뜻하는 라틴어 '보툴루스botulus'에서 따온 '보툴리스무스Botulismus'라는 이름을 붙여주었다.

클로스트리듐
보툴리눔

케르너는 이 보툴리눔 독소증이 독 때문이라고 여겨 소시지에서 추출한 혼합물에 '소시지독'이라는 이름을 붙였다. 그의 추측이 옳았다. 하지만 이후 그의 행보는 지금 우리 눈으로 보면 상당히 기묘하기 그지없다. 그가 자기 몸에다 그 소시지독을 주사했기 때문이다. 그러자 소시지독 중독 증상이 나타났고, 그는 실로 멋진 방법으로 자신이 옳았음을, 상한 소시지에 실제로 유해한 독이 들어 있다는 사실을 입증했다. 하지만 케르너가 살던 시대만 해도 아직 미생물학이 없었다. 그 학문이 이세 막 발전하기 시작한 때였다.

케르너는 생체실험을 통해 깨달은 지식을 1820년에 두 편의 글에 담아 발표했다. 한 편의 제목은 〈지방독 혹은 지방산과 그것이 동물 유기체에 미치는 영향. 상한 소시지에서 독성을 발휘하는 물질의 연구에 관한 논문〉이며 또 한 편의 제목은 〈훈제 소시지를 섭취함으로써 뷔르템베르크에서 자주 발생하는 치명적 중독에 대한 새로운 고찰〉이었다.

그 후 70년이 넘어서야 벨기에 의학자 에밀 피에르 마리 반 에르멘젬Emile Pierre Marie van Ermengem이 케르너가 찾아낸 소시지독의 정체를 밝혔다. 상한 햄을 먹고 나서 중병이 들고 심지어 생명을 잃는 사람들이 여럿 생기자, 그는 상한 햄의 일부를 조사해 처음으로 클로스트리듐 보툴리눔 박테리아를 추출하는 데 성공했다. 지금도 산발적으로 꿀에서 발견되는 바로 그 박테리아이다. 그러니까 꿀이 아기들에게 일으킬 수 있는 중독은 역사적으로 볼 때 꿀독이 아니라 소시지독이었던 것이다.

19세기 역사가 보여주듯 보툴리눔 독소증은 신생아뿐 아니라 어른도 걸릴 수 있다. 지금도 집에서 만든 생선통조림과 고기통조림 등을 먹으면 그럴 수 있다. 이 경우는 오히려 아동에게서 발생할 위험이 낮다. 뭐든 직접 만드는 것이 유행이라고 하지만 제아무리 DIY 마니아인 부모라고 해도 쓱쓱 페인트칠이나 뚝딱뚝딱 책상조립이나 하고 말지 생선통조림까지 직접 만들지는 않을 것이고, 또 설사 너무 부지런해서 소시지를 직접 만들어 캔에 넣어둔다고 해도 그 통조림을 영아용 식단에 올리지는 않을 테니까 말이다.

시판되는 통조림은 걱정하지 않아도 된다. 공장에서 만드는 식품은 보통 고온 처리를 하기 때문에 위험한 독성물질이 있다 해도 위험성을 잃을 것이고 박테리아와 포자도 다 죽을 것이다.

클로스트리듐 보툴리눔의 신경독은 다양한 경로로 신체로 들어와서 보툴리눔 독소증을 일으킬 수 있으므로 질병의 형태 역시 여러 가지로 구분한다. 통조림이나 훈제식품 같은 음식을 먹고 발생할 경우 '식품에 의한 보툴리눔 독소증'이라 부른다. 독을 만드는 박테리아가 상처에 터를 잡을 수도 있는데 이 경우 '상처에 의한 보툴리눔 독소증'이라 부른다. 또 박테리아가 장에서 문제를 일으키는 경우가 있는데, 신생아에게서만 발병하므로 '신생아 보툴리눔 독소증'이라 부른다. 여담이지만 영국과 아일랜드에서는 상처에 의한 보툴리눔 독소증이

헤로인중독자들에게서 더 많이 발견되었다.

자, 이제 정리를 해보자. 아기에게는 꿀을 먹이면 안 된다. (이 말은 꿀을 넣은 차도 먹이면 안 된다는 소리다.) 메이플시럽도 안 된다. 메이플시럽 역시 꿀과 같은 중독 위험이 있기 때문이다. (그리고 혹시 몰라서 다시 한번 말하는데) 손수 오일에 절인 채소와 집에서 만든 고기 및 생선통조림도 아기에게 먹여서는 안 된다.

엄청 무시무시한 경고 메시지처럼 들리지만—실제로 보툴리눔 독소증은 위험하고 치명적일 수도 있다—사실 독일에서 이 병이 발생하는 일은 거의 없다. 로베르트 코흐 연구소의 발표를 보면 2001년에서 2014년까지 연간 24건 정도가 보고되었다. 그리고 전체 기간, 그러니까 총 14년 동안 신생아 보툴리눔 독소증은 겨우 8건뿐이었다.

미국에선 연간 약 110건이 발생하는데 꿀이 원인인 경우는 15%밖에 안 되고 나머지 85%는 박테리아 포자가 어디서 왔는지 알지 못한다. 가령 근처 공사현장이나 차량 통행이 많은 도로에서 날아온 오물과 먼지에 숨어들었을 수도 있다. 이렇듯 보툴리눔 독소증은 정말 드문 질병이다. 그리고 신속하게 전문 치료를 받으면—환자는 보통 중환자실에서 집중 치료를 받고 필요할 경우 호흡과 영양 지원을 받으며 신생아의 경우 보툴리눔 면역글로불린이라는 주사제를 투여한다—생존율은 거의 100%에 이른다.

그럼에도 보툴리눔 독소증은 신생아에겐 위험한 질병이다. 2016년 각종 소비재의 안전성을 심사하는 잡지 《외코 테스트 *Öko Test*》는 '진짜 독일 꿀Echter Deutscher Honig'이 시판 병에 보툴리눔 위험성을 경고하지 않았다는 이유로 평점 1점을 깎았다. 독일 양봉협회는 이 사실에 분노하며 그런 경고문을 붙여야 할 법적 규정이 없고 또 성인이라면 어린 아기에게 날것을 그대로 먹여서는 안 된다는 사실을 누구나 알 것이라고 반박했다.

사는 곳이 독일이라면 양봉협회의 말이 틀리지 않는다. 아기에게 꿀을 먹이지 말라는 말을 어디서나 들을 수 있으니 말이다. 하지만 다른 나라에선 사정이 달라 보인다. 가령 아시아에선 신생아에게 초유를 먹이기도 전에 꿀을 먹이거나 약초에 꿀을 섞어 먹이는 일이 드물지 않다. 파키스탄에서 실시한 조사 결과를 보면 신생아의 약 16%가 꿀을 먹는데, 나이가 많은 가족 구성원들이 먹이는 경우가 많다. 인도에서 비슷한 조사를 해봤더니 대부분의 엄마와 할머니가 출산 직후 곧장 아기에게 꿀을 먹여야 한다고 생각했다.

보툴리눔 독소증과 관련하여 아기에게 절대 '벌꿀'을 먹이면 안 된다는 글을 많이 보게 된다. 이상하지 않은가? 벌꿀이라니, 그럼 다른 꿀도 있단 말인가? 꿀벌이 생산하지 않는 꿀이 또 있는 걸까? 개똥

유럽오소리

벌레나 지빠귀, 그도 아니면 오소리가 만드는 꿀이 따로 있는 걸까? 그 별미를 나만 모르고 있는 걸까? 진짜 전문가들은 아침마다 오소리꿀만 먹기 때문에 오리지널 벌꿀 따위엔 관심도 없을까? 살면서 여태 그런 말을 들어본 적이 없는 데다 설사 그런 식품이 있다고 해도 '꿀'이라고 불러서는 안 된다. 2004년에 제정한 독일 연방 꿀 규정이 명백히 이렇게 정하고 있기 때문이다. "꿀은 꿀벌이 만드는 천연 단맛 물질이다." 이로써 문제는 해결되었다. 물론 예전에는 설탕 혼합물을 '인공꿀'이라 불렀지만 이 이름은 사용 금지된 지 오래다. 요즘엔 이 설탕 혼합물을 '전화당'이라는 훨씬 맛없어 보이는 이름으로 부른다.

그건 그렇고 클로스트리듐 보툴리눔 종의 박테리아가 생산하여 보툴리눔 독소증을 일으키는 독은 보툴리눔톡신이다. 이 물질은 세계에서 가장 독성이 높은 독으로, (1930년에서 1940년까지 무기로 개발되었고 2013년 시리아전쟁에서 사용되었던) 사린보다 치명적이며, (2013년 미국 여배우가 우편으로 당시 대통령이던 버락 오바마와 뉴욕 시장 마이클 블룸버그에게 보냈던) 리신보다 치명적이며, 독화살개구리의 독보다도 치명적이고, 심지어 (2006년 푸틴의 정적 알렉산더 리트비넨코를 암살하는 데 사용되었던) 폴로늄보다도 치명적이다. 1밀리그램만 있으면 100만 명 이상의 목숨을 빼앗을 수 있다.

가만, '보툴리눔톡신이라…… 왠지 귀에 익은데' 이런 생각이 들었다면, 그렇다. 유명인들이 주름 방지용으로 얼굴에 주사하는 바로 그 물질이다. 보톡스라는 상품명으로 거래되는 바로 그 주사약 말이다.

8장

엄마 아빠는 왜 아기에게 혀 짧은 소리를 낼까?

부모가 늘어놓는 자식 자랑은 듣고 있기가 참 고역이다. 에밀리는 벌써 이거 해. 핀은 저거 할 줄 알아…… 하지만 자기 자식하고 대화를 나누는 부모 말을 듣고 있으면 정말 웃기다. 갑자기 목소리와 말투와 단어가 싹 달라진다. 목소리가 훨씬 높아지고 리드미컬해져서 갑자기 사람이 바뀐 게 아닌가 싶을 때가 많다. 괜히 호들갑을 떠는 어디가 좀 모자란 사람으로 말이다.

처음엔 아내에게서 그런 현상을 목격했다. 그러다가 아기 체조교실과 어린이집에서 귀를 쫑긋 세우고 들었더니 다른 부모들 역시 자기 자식한테는 똑같이 그런 부자연스럽고 이상한 말투를 쓰다가 어른한테로 고개를 돌리면 순식간에 다시 정상으로 돌아갔다. 정말 황당하지 않은가! 왜 그럴까? 부모의 언어는 평소의 언어와 무엇이 다른가? 왜 부모는 그렇게 말하는 걸까?

부모가 아이하고 말할 때 이상하다고 느낀 건 나만이 아니었는지 몇몇 학자도 연구에 착수했다. 심지어 그걸 일컫는 전문용어도 있다. 이름하여 영유아지향적 언어infant/child directed speech이다. 어떨 땐 간단하게 아기 말투baby talk라고 부르기도 한다. 그러니까 내가 착각을 했거나 어쩌다 우연히 이상하게 말하는 부모들만 만난 것이 아니었다. 내가 목격한 것은 모두가 목격할 수 있고 20세기 중반부터 학자들도 솔깃하여 연구하고 있는 현상인 것이다.

덕분에 우리는 이제 영유아를 상대로 쓰는 언어가 보통의 언어(그러니까 성인지향적 언어)와 어떻게 다른지를 정확히 안다. 첫째로, 아기에게 말하는 부모는 더 간단한 문장을 사용하고 말 중간에 더 많이 쉰다. 하지만 간단한 문장을 쓰고 더 많이 쉬기만 해서는 어디가 좀 모자란 사람 같은 느낌이 나지는 않을 것이다. 그건 추가로 목소리를 높이는 데다 높낮이의 변화폭이 심하기 때문이다. 그러니까 평소보다 더 심하게 목소리를 높였다 낮췄다 해서 꼭 노래를 부르는 것 같은 소리가 나기 때문이다. 더 높고 더 변화무쌍한 목소리와 더 긴 간격은 1989년에 실시한 연구에서 엄마와 아빠 모두에게서 확인되었고, 프랑스어·이탈리아어·독일어·일본어·엉국 및 미국식 영어를 가리지 않았다. 물론 엄마가 아빠보다 일반적으로 음폭이 더 넓었다.

미국인들이 아기랑 이야기하는 모습을 볼 때면 좀 과하다, 너무 인위적이다라는 생각이 들지 않았는가? 1989년의 연구 결과에 따르면 그 생각이 정상이다. 당신만의 느낌이 아니라 객관적으로 확인된 사실이기 때문이다. 가장 변화가 심한 경우가 미국식 영어를 사용하는 부모들이었다. 미국인들이 아기를 대할 때 특히 과장을 심하게 하는 것이다.

그러니까 부모가 아기에게 쓰는 언어는 정상 언어와 확연히 다르다. 오스트레일리아의 학자들은 시기를 달리하여 (출산 직후, 3개월, 6개월, 9개월, 1년 후) 아기와 엄마의 대화를 녹음하고, 그 엄마들이 다른 성인과 나눈 대화도 녹음했다. 그리고 60명의 성인에게 그 대화 내용을 평가해달라고 부탁했다. 그 결과, 다른 성인들이 듣기에도 아이와 나눈 대화가 더 다정하게 들렸다. (물론 이는 지극히 일상적이고 평균적인 부모 자식의 대화가 외부인에게 어떻게 들리는지에 대한 연구 결과일 뿐이다. 엄마들은 갓난아기를 붙들고 신세 한탄을 많이 한다. 왜 여기는 에스컬레이터가 없는 거야, 아이고, 오줌이 많이 샜네, 네 아빠랑 싸웠다 등등 온갖 고민을 아기한테 털어놓는다. 아마 그런 소리를 들어보면 아주 다정하게 들리지는 않을 것이다.)

또 하나 학자들의 눈에 띈 사실이 있었다. 부모들은 고음으로 노래하듯 말할 뿐 아니라 더 분명하게 말한다. 그래서 적어도 모음이 매우 또렷하게 들린다. 이 사실은 미국, 러시아, 스웨덴에서 약 2,400명의 부모를 대상으로 실시한 연구의 결과이다. 학자들은 부모들이 대화에서 사용한 단어들을 컴퓨터에 입력한 후 그것을 개별 부분으로 분석 조사했다. 결과는 다음과 같다. 우리가 말투를 통해 아이에게 전달하는 것들은 단어를 구성하는 언어학의 주춧돌이 무엇인지에 대한 정확한 표준 정보를 제공한다. 그러니까 아이를 마주할 때마다 갑자기 등장하는 그 노래하는 언어는 아기에게 언어의 기능을 가르칠 수 있는 아주 쓸 만한 예시자료인 것이다.

그럴듯한 논리다. 누군가에게 쓰기나 읽기를 가르치려는 사람은 글자를 잘 보이게끔 크고 또렷하게 쓰지, 차트에 도통 무슨 뜻인지 모를 글자를 휘갈기는 의사처럼 쓰지는 않을 테니까 말이다.

아이가 언어를 얼마나 배울지는 언어를 얼마나 듣는지에 달려 있다. 그래서 (늑대소년이나 《정글 북*The Jungle Book*》의 모글리처럼) 사회적으로 고립되어 자라는 아이들과 듣지 못하는 아이들은 말을 전혀 배우지 못한다. 반대로 주변에서 떠들어대는 말소리를 들을 수 있는 아이들은 그로부터 엄청난 정보를 얻는다.

여러 문화권에서 실시한 연구 결과를 보면 아이들은 듣기만 해도 모국어에서 어떤 음들을 사용하는지, 그중 어떤 음을 어떻게 결합하는지, 어떤 강세, 억양, 리듬이 있는지를 파악한다. 들은 단어의 의미를 아직 이해하기 전인데도 말이다. 그 연구에선 아기가 생후 5개월만 되어도 그동안 들었던 전형적인 음들을 스스로 발음할 수 있었다고 한다.

그러므로 언어학습에는 듣기가 필수이며, 실제로 선택권을 주는 경우 아기들은 평범한 어른 언어보다 노래하는 아기 언어를 더 좋아한다. 이 사실은 비교연구 결과로도 잘 알 수 있다. 부모가 아기와 나눌 때 쓰는 언어는 특별히 단순하고 명료하며 다정하게 들려서 아기들도 좋아한다. 이 연구 결과를 통해 학자들은 특이한 노래 언어가 우리 후손에게 아주 적절한 맞춤 학습 언어라고 보았다.

물론 정말로 그런지를 알려면 별도의 연구가 필요할 것이다. 노래 언어가 단순명료하고 인기가 높다고 해서 자동적으로 언어학습에도 적합한 것은 아니기 때문이다. 다들 학교 다닐 때 경험하지 않았던가. 선생님이 무엇이든 쉽게 설명하고 다정하고 인기가 많다고 해서 그 선생님 과목의 성적이 쑥쑥 오르지는 않는다. 그러니까 아이들이 언어를 어떻게 배우는지 한 번 더 자세히 살펴볼 필요가 있을 것이다.

독일 콘스탄츠의 학자들이 연구한 결과를 보면 실제로 천천히 또렷하게 발음하면 아이들의 언어학습에 도움이 된다고 한다. 또한 아이들은 강세를 더 잘 인지하므로, ("엄마! 따라 해 봐. 엄마!" 할 때의 "엄"처럼) 첫 음절에 강세를 두어 고음으로 발음할 경우 아이는 어디서 한 단어가 끝나고 새 단어가 시작되는지를 더 잘 파악했다. 하지만 ("엄마가 어디 갔지?" 할 때의 "엄"처럼) 강세를 두되 저음으로 발음할 경우엔 그러지 못했다.

미국 피츠버그에 있는 카네기멜론 대학교의 학자들도 비슷한 결론에 도달했다. 아이들에게 의미 없는 문장을 들려주었는데, 한쪽 집단에게는 노래하는 듯한 아기 언어로, 다른 집단에게는 보통의 어른 언어로 들려주었다. 아기 언어를 들은 아이들은 단어의 경계를 잘 파악했고 단어들을 잘 구분했다. 어른 언어를 들은 아이들은 그렇지 못했다. 그러니까 아기 언어는 한데 모여 연속적으로 흘러나오는 언어의 강물에서 단어들을 잘 구분할 수 있게끔 도와주는 것이다.

그렇다면 부모들은 자식에게 오직 말을 가르치려는 목적으로만 말을 하는 걸까? 그럴 수도 있을 것 같다. 하지만 다른 의견도 있다. 가령 오스트레일리아의 학자들은 유아지향 언어

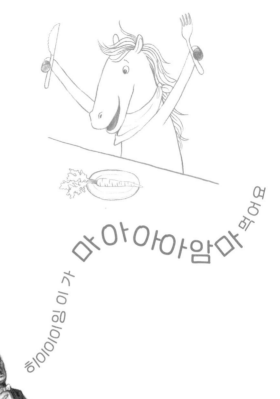

마아아야아암마 먹어요

히이이이잉이가

가 전혀 다른 목적을 수행하며, 모음을 또렷하게 발음하는 것은 우연에 불과하다고 추측한다. 이들은 유아지향 언어가 무엇보다도 아이를 놀라게 하지 않고 아이와 소통하기 위한 도구로서 개발되었다고 주장한다. 지저귀는 듯 높은 소리를 내는 사람은 더 작아 보이고 덜 위협적으로 보인다. 반대로 저음은 훨씬 공격적으로 느껴진다. 인간뿐 아니라 동물 세계에서도 마찬가지다. 그러니까 노래하듯 고음으로 말하는 부모는 무의식적으로 작은 아기에게 위험하지 않다는 인상을 전하려는 것이다. 더구나 그들의 말소리는 아기 입에서 나오는 소리와 더 비슷하게 들린다. 몇몇 학자는 아기들이 보통의 어른 언어보다 유아지향적 언어를 더 좋아하는 진짜 이유도 그것일 수 있다고 추측한다. 그런 고음의 소리가 더 친숙하기에 자기와 비슷한 사람이라고 생각하는 것이다.

부모가 아이에게 그렇게 이상하게 말하는 이유를 또 다르게 보는 이론들도 있다. 캐나다의 심리학자들은 유아지향적 언어가 보통 언어보다 훨씬 감정을 분명히 전달한다고 주장한다. 그래서 언어를 이해하지 못하는 아기에게도 감정을 잘 전달할 수 있다고 말이다. 노래하듯 고음으로 이야기를 하면 억제되고 담담한 어른 언어보다 훨씬 아이의 감정에 잘 반응하고 화답할 수 있다는 것이다.

그리고 그 모든 것은 다시금 아이에게 도움이 된다. 아이들은 일찍부터 매우 근원적 차원에서 부모와 소통할 수 있고 사회적 행동을 계발할 수 있다. 그 과정에서 정말로 실용적으로 아기가 말을 더 잘 배우게 되지만 그건 순전히 우연일 수 있다.

부모가 아이와 이야기하는 방식에는 또 다른 특이한 점이 하나 있다. 부모는 이상한 단어를 많이 사용한다. '강아지' 말고 '멍멍이', '자자' 말고 '코하자', '밥' 말고 '맘마', '자동차' 말고 '뛰뛰빵빵', '말' 말고 '히이잉'이라고 한다. 그래서 부모가 되면 인지 능력에 좀 문제가 생기는 게 아닐까 의심스러운 것도 사실이다. 하지만 설사 그렇지 않다고 해도, 다시 말해 부모가 소리를 흉내 내는 단순한 단어를 사용하는 이유가 그저 아기 수준에 맞추기 위해서라고 해도, 그게 과연 아이를 위하는 건지 은근 걱정이 된다. 평소에 썼다가는 좀 모자란 사람 취급받기 딱 좋은 그런 이상한 소리 말고 진짜 단어를 가르치는 게 옳지 않을까? (신문에서 '뛰뛰빵빵' 운운하는 기사를 본 적이 있는가? 그러니 하는 말이다.)

학자들은 그 문제도 놓치지 않고 연구했다. 여담이지만 학자들은 소리를 흉내 내는 그런 아기 말을 두고 '의성어'라고 부른다. 이름이야 어떠하건 이 언어의 목적은 소리와 의미의 가장 직접적인 결합이다. 즉 의성어는 말하고자 하는 바를 소리에서 이미 들을 수 있는 단어인 것이다. 많은 언어권의 부모들이 어린아이와 이야기할 때면 의성어를 사용한다. 연구 결과

머 어 엉 멍 이 가

번 이 아 번 개

빤 짝 이 는 차 타고 가요

를 보면 부모들은 이런 의성어 표현을 진짜 단어와 나란히 사용한다. 다시 말해 일상에서 아이들에게 '멍멍이'와 '강아지' 둘 다를 사용하는 것이다. '멍멍이'는 독일어로는 '바우바우Wau-Wau'이고, 영어로는 '우프우프woof-woof'이며 일본어로는 '왕왕わんわん'이다. 영어의 의성어를 조사한 한 연구 결과를 보면 부모들은 의성어를 매우 높은 음으로 길게 끌면서 넓은 음역으로 발음하며, 같은 단어를 반복하고, 이어지는 추가 단어 없이 따로 사용한다. 평범한 단어들과는 전혀 다르게 사용하는 것이다. 전문가들은 또 이런 말도 덧붙였다. "의성어는 더 특이한 음조로 발음한다." 그렇게 본다면 스페인어, 영어, 독일어를 조사한 결과에서 나타나듯, 아기들이 처음 뱉어내는 단어들 중에 의성어가 많다는 사실 역시 그리 놀랄 일은 아닐 것이다. 분명 아기들은 '멍멍', '뛰뛰빵빵' 같은 의성어 단어를 곧잘 따라 한다.

나는 아기한테 말할 때 될 수 있는 대로 그런 단어를 쓰지 않으려고 애를 썼다. 처음부터 올바른 개념을 전달하고 싶었기 때문이다. 어쩌면 어린 시절의 트라우마 때문일지도 모른다. 우리 가족들 사이에 전해 내려오는 이야기가 있다. 나는 만으로 한두 살 무렵 할머니한테 목이 마를 땐 '뚜뚜'라고 말하라고 배웠다. 그런데 할머니 말고는 아무도 그 사실을 몰라서 결국 그날 오후 어린이집에서 그 드라마틱한 사건이 터지고야

말았다. 쨍쨍 내리쬐는 햇볕 아래 모래밭에 앉아 놀던 나는 연신 "뚜뚜" 하고 소리쳤고 그럴 때마다 선생님은 "맞아요. 자동차는 뛰뛰빵빵 해요"라고 대답하며 나를 내버려두었다. 물론 나는 기억이 나지 않지만, 몇 시간 뒤 부모님이 데리러 왔을 때 나는 쓰러지기 일보 직전인 상태로 젖 먹던 힘을 짜내 "뚜뚜"라고 중얼대고 있었다고 한다. 나는 바싹 마른 미라가 될 뻔한 그날의 경험을 다른 애들은 겪지 않길 바랐다. 또 바보 같은 아기 언어를 먼저 배웠다가 나중에 힘들여 정상 언어로 갈아타야 한다면 너무 번거로울 테니까.

하지만 정말로 번거로울까? 아기가 있는 자리에서 강아지를 '멍멍이'라고 부르는 게 정말 아기한테 해로울까? 재미있게도 전문가들은 그렇지 않다고 생각한다. 심지어 의성어가 아이들의 언어학습을 도와줄 수 있다고 주장한다. 소리와 의미가 결합된 단어는 배우기가 훨씬 더 쉽기 때문이다. 가령 10~11개월의 영국 아기들을 대상으로 실시한 단어인지 실험에서 아기들은 '도기doggie'보다 '우프우프'가 어디 있냐고 물었을 때 그림 속 강아지를 더 잘 맞혔다.

그러니까 '멍멍'과 '뛰뛰빵빵' 같은 의성어를 사용하면 아이들의 언어학습을 도울 수 있다. 하지만 당시 나는 아직 그 사실을 몰랐다. 대신 아내와 나는 딸이 언어학습 기간에 사용했고 우리도 재미있다고 생각했던 몇 가지 의성어를 우리의 단어 사전에 추가했다. 가령 딸아이는 고양이^{Katze}를 '노이누'라고 불렀고, 치즈^{Käse}는 '닌닌'이라고 불렀다. 이런 현상도 과학적으로 연구하지 않았을까? 그러니까 아기가 부모와 접촉하여 언어를 배우는 게 아니라, 거꾸로 부모의 어휘가 아기와의 접촉을 통해 달라지는 현상 말이다.

어른들이 아기에게 말을 걸 때 사용하는—더 높고 더 선율적인—이상한 말투는 앞에서도 말했듯 재미만 있는 게 아니라서 가끔은 와락 겁이 날 때도 있다. 그게 언제인가 하면 바로 그런 말투를 쓰고 있는 자신을 발견할 때다. 그런 말투로 이야기하는 다른 부모들을 보면서 좀 모자라 보이고 짜증 난다고 생각했고 나는 절대로 저러지 말아야지 했는데, 어느 날 보니 나도 아이에게 말할 때면 어느새 그런 말투를 쓰고 있었다. 그러니까 아이랑 그렇게 우스꽝스럽게 말하는 습성은 아무래도 우리 인간의 마음에 깊게 뿌리를 내린 것 같다. 하지만 달리 보면 정말 천재적이지 않은가? 우리는 매우 근원적 방식으로 아이들과 소통할 수 있고 그 가능성을 자연스럽게, 무의식적으로 활용한다. 우리가 내뱉는 말이 단순하게 들릴지는 몰라도 지금까지의 연구 결과들로 미루어볼 때 그 말투는 아이들과 접촉하기 위해, 아이들의 관심을 끌며 아이들과 사회적 관계를 쌓고 유지하기 위해, 아이들의 이해와 언어학습을 돕기 위해 고민 끝에 만들어낸 다각적인 소통 규약인 것이다. 정말 대단하지 않은가!

어른들이 아이에게 말을 거는 방식은 다른 상황에서도 발견된다. 자신의 모국어를 유창하게 하지 못하는 상대와 이야기를 나눌 때, 모니터에 뜬 아바타와 대화할 때, 앵무새와 대화할 때이다. 상대가 우리의 말을 잘 이해하지 못한다는 기분이 들면 자동적으로 말투를 상대에게 맞추는 것이다.

재미있게도―더 느리고, 더 분명하고, 더 높게 바뀌는―이런 화법의 자동 조절은 그렇게 해서 득이 된다고 생각할 때만 나타난다. 실험을 해보니 사람들은 고양이나 강아지에게 이야기할 때는 특별히 또렷한 발음을 하지 않았다. 앵무새와 달리 개와 고양이는 간단한 단어를 써서 다정하게 말을 걸어도 우리가 하는 말을 알아듣지 못한다고 여기는 것 같다.

언어 이해에 어려움이 있는 아이, 가령 청력장애나 인지장애가 있는 아이들하고 대화를 나눌 때도 비슷한 현상이 관찰된다. 그런 아이들한테는 애써 분명하게 발음하지 않는다. 학자들은 유아지향적 언어가 아이에게 도움이 된다고 믿을 때만 우리가 무의식적으로 그런 화법을 취한다고 주장한다. 그런 믿음이 없을 때는 아예 화법을 바꾸지 않는 것이다. 너무 가혹하다고? 하지만 그렇지 않을지도 모른다. 아마도 우리는 구체적인 상황에서 해당 아동의 관심을 더 잘 끌 수 있는 다른 방식으로 우리 행동을 바꿀 테니까 말이다.

그건 그렇고 학자들이 화가 나서 나한테 따지러 들기 전에 자진해서 내가 먼저 한마디 덧붙여야겠다. 저 앞에서 나는 어른들이 아기랑 이야기할 때는 "모음이 매우 또렷하게 들린다"고 말했다. 이 문장은 뭔가 서툴러 보인다. 어설픈 실력으로 다른 나라 말을 번역한 것처럼 읽힌다. 그러니까 어른들이 아기랑 이야기할 때는 '모음을 매우 또렷하게 발음한다'라고 해야 자연스러울 것이다. 하지만 그랬다면 그건 틀린 문장이었을 것이다. 적어도 오스트레일리아 웨스턴시드니 대학의 학자들이 주장한 바에 따르면 그렇다. 이 학자들이 실험을 해보니 유아지향적 언어에서는 모음을 특별히 분명하게 발음하는 정황, 다시 말해 보통의 모음을 과도하게 또박또박 발음하는 현상이 전혀 발견되지 않았다. 혀와 입술의 동작이 성인지향적 언어의 경우와 아주 미미한 차이밖에 없었기 때문에 그것이 유아지향적 언어가 다르게 들리는 원인으로 볼 수는 없었다. 따라서 이 학자들은 과도한 발음hyperarticulation으로 보아서는 안 되며, 기껏해야 과도한 소리hyper-acoustics(청각장애hypacusis랑 헷갈리지 말 것) 정도로 보아야 할 것이라고 경고했다. 특별히 또렷한 소리일 뿐 특별히 또렷한 발음은 아니라는 말이다.

나는 전문가가 아니어서 이런 전문용어들은 잘 모르지만 좀 이상하다는 생각이 든다. 특별히 또렷하게 들리는 모음이 특별히 또렷하게 발음한 것이 아니라면 대체 어떻게 생겨난

것일까? 나쁘지 않은 질문 아닌가?

시드니 학자들이 발성기관에서 확인한 유아지향 언어와 성인지향 언어의 두드러지는 유일한 차이점은 '성도'의 길이였다. 성도는 발성기관에서 성대 위쪽에 자리한 모든 것을 일컫는 전문용어다. 아이와 이야기하는 엄마들은 이 발성기관이 더 짧아진다. 후두를 더 세게 치켜올리기 때문이다. 엄마 입속에서 그런 일이 벌어진다고 상상하면 참 재미있지 않은가?

학자들은 그런 연구 결과를 얻기 위해 특수한 측정방법을 동원해야만 한다. 인간은 말을 할 때 입을 크게 벌리지 않기 때문에 밖에서는 혀와 후두의 움직임을 관찰할 수가 없다. (설사 관찰할 수 있다고 해도 진지한 학술 연구를 하기에는 턱없이 부족하다. 밖에서는 아무리 열심히 목구멍을 들여다보아도 정확하고 객관적이지가 않을 테니 말이다.) 그래서 특수 접착제로 실험대상의 혀와 입술에 작은 센서를 붙인다. 센서는 넓이가 완두콩만하고 동전처럼 납작하다. 이 센서로 입술과 혀의 동작을 밀리미터 단위로 정확하게 추적할 수 있다. 또 말을 할 때 움직이지 않는 부위, 가령 잇몸이나 귀 뒤편에도 몇 개의 센서를 붙인다. 이것으로 말과 관련 없는 머리의 움직임을 기록했다가 나중에 입안의 센서가 보낸 측정 자료에서 이 기록을 뺀다. 실험의 관심 대상은 오직 말에 필요한 동작이기 때문이다. 마지막으로 그 밖의 위치에 정사각형을 이루도록 센서를 몇 개 더 붙인다. 여러 사람의 동작을 이들이 측정 당시 정확히 어디에 있었는지에 관계없이 서로 비교하기 위해서이다. 이 방법을 전자기 발음기록계electromagnetic articulography(EMA)라고 부른다. 와우! 멋지다.

정작 센서를 부착한 사람에겐 이 측정법이 그리 멋지지는 않을 것 같다. 학자들이 쓴 논문에는 실험참가자들의 혀 어디쯤에 센서를 부착해야 하는지가 적혀 있다. 그걸 보면 센서는 참가자가 불쾌감을 느끼지 않는 선에서 최대한 뒤쪽에 부착해야 한다. 하지만 목구멍을 한 번도 쑤시지 않고 바로 그런 자리를 찾기란 상당히 힘들 것이다. 안타깝게도 학자들은 센서를 붙이다가 목구멍을 푹 쑤시는 바람에 헛구역질을 한 엄마가 몇 명이나 되는지는 적어놓지 않았다. 나 같으면 그 숫자를 세어보고 싶었을 같은데 말이다.

9장

기지 않는 우리 아이, 무슨 문제라도?

태어나서 처음 몇 달 동안 아기는 작고 게으른 벌레 같다. 별로 하는 일 없이 가만히 누워 있기만 한다. 그러다가 짧은 시간 안에 놀라운 변신을 한다. 아기가 기는 법을 배우는 것이다. 그 과정은 참으로 매력적이다. 아기는 용을 써서 몸을 뒤집은 다음 그 작은 머리를 치켜들고 엉덩이를 흔들며 이리저리 몸을 비틀다가 넘어져 도로 등이 바닥에 닿고, 그러다 다시 뒤집어서 버둥버둥 팔을 뻗고 엉덩이를 치켜들다가 어느 순간 자기도 깜짝 놀란 듯 다리를 구부린 채 엎드려 기기 시작한다. 하지만 처음부터 순탄한 것은 아니어서 연신 자기 몸무게를 못 이겨 푹 주저앉곤 한다. 그래도 아기는 포기하지 않고 다시 몸통을 치켜들어 팔꿈치로 받치고서 발과 무릎에 힘을 주어 몸을 앞으로 쭉 밀고, 그렇게 순식간에 자기 몸길이만큼 쑥 앞으로 옮겨간다.

기는 건 이렇듯 힘든 일이다. 엄청난 노력이자 대단한 인내력 테스트다. 그래서 아기가 중력과 자기 몸무게를 이겨내고 그 길고 험난한 훈련을 통해 마침내 게으름뱅이 벌레에서 기어 다니는 아기로 변신하는 과정을 지켜보고 있노라면 절로 가슴이 뭉클해진다.

아기에게 기는 동작은 스펙터클한 능력이요 센세이셔널한 성공이며 완전히 새로운 단계의 시작이다. 당연히 부모에게도 같은 의미를 띨 수밖에 없다. 자녀가 기는 법을 배우는 건 자식이 선사한 새로운 인생 중에서 단연 하이라이트 장면이기 때문이다.

기기가 (적어도 부모에게는) 얼마나 중요하고 의미 깊은 일인지는 문화센터 유아교실에 가보면 알 수 있다. 아직 돌이 되지 않은 아기들과 부모들이 같이 놀자고 모이는 곳이지만, 그 시기 아기는 할 줄 아는 게 별로 없어서 (물론 잠을 자기도 하고 울기도 하고 급하면 싸기도 하시지만) 당연히 노는 것도 못 하고 그냥 누워서 빤히 쳐다보기만 한다. 그래서 수업은 일단 다른 아기 부모들과 편할 날 없는 새로운 일상을 나누려는 부모들의 대화의 장으로 변하기 십상이다.

그러나 얼마 못 가 경쟁심 같은 것이 발동한다. 성과에 대한 압박감이랄까? 어디를 가나 뭐든 자기 자식보다 잘하는 아기는 있기 마련이고 또 그걸 자랑이라고 떠들어대는 부모도 있기 마련이다. 수업에서 한 아이가 기기 시작하면 대결이 시작되고 초조해진 부모들은 자기 자식은 언제쯤 길까 싶어 안달복달한다.

나도 이제는 그런 식의 불안감을 충분히 이해할 수 있다. 나 역시도 '유아'교실에서 우리 아기가 '기어다니는 아이'라는 말이 무색하게[독일어로 '유아'를 뜻하는 단어 크라벨킨트Krabbelkind는 '기어다니는Krabbel 아이Kind'라는 의미를 내포한다] 가만히 누워서 기어다니는 다른 애들을 빤히 쳐다보는 그 참담한 광경을 지켜보아야 했으니 말이다. (그것 말고도 나는 그 유아교실이 꽤 힘들었다. 내가 유일한 남자여서 괜히 다른 엄마들 사이에 불안을 조장했기 때문이다. 나는 젖 먹던 힘을 짜내서 그들이 뜨개질과 수유 문제, 요실금, 피부 관리, 처진 가슴을 고민할 때 뭔가 의미 있는 조언을 던지려 노력했다. 야심 찬 노력이었지만 엄마들은 의심의 눈초리

$$\frac{1}{nd_n} \sum_{i=1}^{[n\lambda]} \sum_{j=[n\lambda]+1}^{n} \left(I_{\{x_i \leq x_j\}} - \int_{\mathbb{R}} F(x) dF(x}$$

를 거두지 않았고 불쾌한 남자의 존재를 대놓고 무시하려 했다.)

우리 딸이 도무지 기려는 조짐도 보이지 않았기 때문에 나는 슬슬 걱정되기 시작했다. 왜 우리 딸은 안 기지? 어디가 아픈가? 뭔가 조치를 해야 하나? 도움이 필요한 걸까? 기는 단계를 이미 마스터한 경험 많은 아빠에게 용기를 북돋는 조언이라도 들어야 하는 걸까? 유아교실에도 온갖 걱정과 소문이 떠돈다. 그곳의 엄마들이 속삭였다. 아이의 발달에 기기가 엄청 중요하다! 기지 않는 애는 말도 잘 못 배운다! 읽기도 못하고 쓰기도 못하고 산수도 못한다!

그런 상황에서 나 같은 부모가 어찌 근심걱정에 사로잡히지 않을 수 있었겠는가? 벌써 손과 무릎을 바닥에 짚고서 세상을 탐구하는 다른 아이들과 비교하니, 누워 있기만 하는 우리 딸이 참으로 대책 없어 보였다. 어디가 모자란 것 같기도 했다. 얼마 전만 해도 세상에서 제일 귀

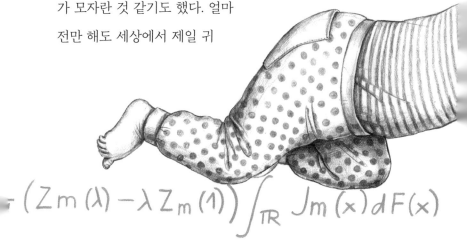

$$= \left(Z_m(\lambda) - \lambda Z_m(1) \right) \int_{TR} J_m(x) \, dF(x)$$

여운 아기의 아빠였는데 갑자기 동정 어린 시선과 독설이 쏟아지는 패자 집단의 일원이 되어버렸다. 제때 기는 법을 배우지 못했다는 이유만으로 우리 딸이 나중에 초등학교에 들어가서 산수도 못하고 글도 못 읽어서 더듬거리는 광경이 눈앞에 아른거렸다. 이렇게 기는 게 늦으니 걷는 것도 늦을 테고 어쩌면 입학하는 날에도 가방을 등에 메고 기어서 교실에 들어갈지도 모른다. 아니 서른 살이나 먹어 자식을 보고도 그 자식과 함께 유아교실에 와서 가만히 드러누워서 다른 아이들이 기어다니는 광경을 멀뚱멀뚱 쳐다보기만 할지도 모른다.

하지만 기는 것처럼 중요한 성장단계일수록 부모가 냉정할 필요가 있다. 자식을 키우다 보니 아이의 성장단계를 정확하게 나눈 후 거리낌 없이 다른 이들에게도 강요하는 사람들이 아주 많다는 사실을 알게 되었다. 특히 요즘 젊은 부모들은 아는 게 참 많지만, 아무리 그럴싸해도 (일반적으로도 그렇고 특히 젊은 부모들 사이에서) 떠도는 말을 전부 다 믿어서는 안 된다. 그럴싸하다고 해서 꼭 옳은 것은 아니기 때문이다. 기는 건 정말 중요하다. 모두가 그렇게 생각할 것이다. 하지만 가만히 따져보아야 한다. 의사와 학자들은 무슨 말을 하는가? 내가 들은 말들이 개인의 의견이나 입장, 소문에 불과한 것은 아닐까? 정말로 기는 게 그렇게 중요한가? 아기가 기지 않으면 어떤 일이 일어날까?

건강한 아동의 운동능력, 즉 의도한 대로 몸을 움직일 수 있는 능력은 생후 2년 안에 급속도로 발달한다. 태어난 직후에는 할 수 있는 것이 거의 없어서 아기는 고개도 못 가눈 채 가만히 누워만 있다. 하지만 불과 2년 만에 블록으로 탑을 쌓고, 어른이 도와주지 않아도 식탁 모서리를 향해 냅다 달려간다. 아기가 누워만 있다가 혼자 일어나 걷기까지, 세계보건기구가 정해놓은 이정표는 6개이다.

· 혼자 앉기
· 손과 무릎으로 기기
· 붙잡고 서기
· 붙잡고 걷기
· 혼자 서기
· 혼자 걷기

세계보건기구가 6개의 이정표를 정했다고 해서 아기의 성장단계가 이것밖에 없다는 뜻은 절대 아니다. 이 6단계는 흔히 운동능력 발달의 기본 단계로 꼽히지만, 부모들이 중요하다고 생각해서 달력에 기록할 만한 사건은 이보다 훨씬 많을 것이다. 가령 독일 바이에른의 '조기교육 국가 연구소' 학자들은 부모들을 대상으로 설문조사를 실시해 총 18개의 이정표 목록을 작성했다. 그중에는 엎드려 고개

들기와 뒤집기뿐 아니라 한 손에 쥐고 있던 물건을 다른 손으로 옮기기 같은 중요한 미세운동(소근육운동) 능력도 들어 있다. 운동능력 발달에만 집착하지 않는 부모라면 처음으로 기저귀가 똥오줌으로 넘치거나 처음 응급실에 간 일 같은 사건들도 성장의 큰 이정표라고 생각할 것이다.

아동의 운동능력이 천천히 발달한다는 건 누구나 아는 사실이다. 혼자서 앉지도 못하는 아기가 어느 날 갑자기 벌떡 일어나 달리는 광경을 본 사람은 없을 테니까 말이다. 당연히 성장은 단계별로 진행된다. 나중에 부모에게 어떤 단계가 특별히 중요하거나 결정적이었냐고 물어보면 '윙크하기'나 '손뼉치기'를 꼽는 사람은 거의 없을 것이다. 아마 대부분이 세계보건기구가 정한 그 6단계, 즉 앉기, 기기, 붙잡고 서기, 붙잡고 걷기, 혼자 서기, 혼자 걷기를 꼽을 것이다. 그러니까 부모들도 전문가들도, 아이들이 이렇게 기본적인 운동능력을 키운다는 데는 이견이 없는 것 같다. 하지만 그 성장과정이 정확히 어떤 모양새일까? 보통 언제 그 각각의 이정표에 도달하는가? 그런데 보통이란 게 있기는 한가?

바이에른의 학자들이 이 질문의 해답을 찾기 위해 아이들이 언제 그 다양한 운동 형태를 선보이는지, 일반적인 패턴을 찾아 나섰다. 그들은 또 운동능력의 발달을 촉진하거나 방해하는 외부 상황이 있는지도 조사했다. 가령 성별이 무엇인지, 형제자매가 있는지, 자연분만으로 태어났는지 제왕절개로 태어났는지, 성장하는 장소가 어디인지에 따라 운동능력 발달이 달라질 수 있는지를 연구한 것이다.

이를 위해 학자들은 부모들을 대상으로 설문조사를 실시하고 아이의 중요한 발달단계를 달력에 표시해달라고 부탁했다. 거기서 얻은 자료를 보면 무엇보다도 한 가지 사실을 알 수 있다. 운동능력의 이정표에 도달하는 시점과 해당 동작을 얼마나 잘 수행하는지는 아이에 따라 큰 차이를 보인다는 사실이다. 달리 표현하면, 앉고 기고 서고 걷는 동작을 언제 시작하고 얼마나 잘하는지는 개인차가 매우 크다.

그러니 다른 애들은 잘도 기고 걷는데 우리 아이는 도무지 꼼짝도 하지 않는다고 해서 걱정할 이유는 없다. 모든 아이에겐 각자의 속도가 있고 나름의 능력이 있다. 기기 시작하는 시점은 아이마다 크게 달라서 6개월쯤 차이가 날 수도 있다. 그러니까 여유를 갖고 기다려야 한다. 옆집 아이는 잘도 기는데 우리 아이는 여태 누워 손가락만 빨고 있다 해도 아무 문제가 없다.

너무 모호하다 싶은 독자들을 위해 학자들이 상세한 숫자를 공개했다. 연구 결과 아이들은 평균 256일(그러니까 약 8개월 반) 만에 기었다. 180일 전(그러니까 6개월이 되기도 전)에 벌써 기기 시작한 아이는 3%에 불과하고, 375일 후(그러니까 돌이 지난 후)에 아직 기지 못하는 아이 역시 3%에 불과하다. 이는 대체로 대부분의 아기가 6개월에서 1년 사이에 긴다는 뜻이다.

유아교실에 다니면서 나는 임신 튼살 관리법에 관한 나의 열변이 별 호응을 얻지 못한다는 것과 더불어, 남자애들은 저돌적이어서 모험을 추구하기

때문에 일찍부터 잘 기는데 여자애들은 얌전해서 오래도록 제자리걸음이라는 고정관념이 아직도 통용되고 있다는 사실을 알아차리게 되었다.

정말로 그럴까? 실제로 성별이 기는 동작에도 영향을 미칠까? 그런 것 같지는 않다. 어쨌든 바이에른 학자들의 설문조사 결과는 성별에 따른 성장 속도의 차이를 확인하지 못했다.

성별에 따른 기는 시점의 차이를 연구한 학자들은 더 있다. 가령 뉴욕 대학교의 학자들은 남녀 아이들을 경사지와 평지에 내려놓고 얼마나 잘 기어가는지를 관찰했다. 그런데 그전에 미리 엄마들에게 아기의 운동능력을 평가해달라고 했다.

결과는 흥미로웠다. 아들 엄마들은 실제보다 더 잘할 것이라고 대답했고 딸 엄마들은 실제보다 못할 것이라고 대답했다. 적어도 경사지를 기는 능력에서는 자식의 성별에 따라 평가가 정반대로 나타났다. 그러니까 딸 엄마들은 아이의 운동능력을 크게 신뢰하지 않고 아들 엄마들은 너무 과하게 신뢰한다. 하지만 실제 실험을 해보면 성별에 관계 없이 모든 아기가 경사진 곳을 잘 기어오른다.

그건 그렇고 남녀의 차이는 경사지 실험의 작은 부분에 불과하다. 특히 흥미로운 지점은 경사도에 대한 평가가 아이마다 다르다는 사실이다. 아이들이 경사지로 기어 내려갈지 행동을 거부할지는 무엇보다도 그 아이가 이미 얼마나 잘 길 수 있는지에 좌우된다. 그런데 재미나게도 아기가 두 발로 걷게 되면 그동안 쌓았던 지식은 몽땅 사라진다. 길 때는 어느 정도의 경사도를 기어갈 수 있을지 완벽하게 판단할 줄 알았던 아기도, 걷게 되면 무조건 제일 경사가 급한 곳으로 달려간다. 과학자들은 그것이야말로 고소공포증이 타고나는 것이 아니라는 강력한 증거라고 주장한다.

그러니까 기기 시작하는 시점은 아이마다 다르며 성별은 전혀 관련이 없다. 그럼 다른 요인은? (혹시 우리 딸이 꼼짝도 안 하고 누워만 있었던 것이 유아교실 노래시간에 다른 엄마들은 소리

없이 입술만 달싹이든가 초음파에 버금가는 나지막한 소리로 속삭이기만 하는데 나는 눈치도 없이 큰 소리로 우렁차게 노래를 불렀기 때문은 아닐까? 너무 창피해서 기지도 못하고 죽은 척 누워만 있었던 건 아닐까?)

바이에른 학자들은 성별 이외에 다른 요인들도 살폈고—흔히 생각하는 것과 달리—아이의 운동능력 발달에 영향을 미치는 요인은 그리 많지 않다는 결론을 내렸다. 가령 형제자매가 있는지, 자연분만으로 태어났는지 제왕절개로 태어났는지, 엄마가 아이를 업고 다니는지 여부는 아이의 운동능력 발달에 아무런 영향을 미치지 못한다. 엄마의 나이, 사는 장소, 집의 크기는 물론이고 아기체조교실 참여나 또래 친구와의 접촉 여부도 별 영향을 주지 않는다.

조기교육 국가 연구소의 연구 결과에는—기기를 제외한—운동능력에 대한 몇 가지 흥미로운 인식이 들어 있다. 가령 '혼자서 일어서기'에서 '혼자서 걷기'까지의 기간이 평균적으로 며칠밖에 안 된다는 사실이다. 즉 혼자서 설 수 있게 되면 겁을 내면서도 얼마 지나지 않아 바로 첫걸음을 떼게 되는 것이다.

그러니까 아이들은 수많은 외부 영향과 관계없이 때가 되면 저절로 기는 것 같다. 물론 순전히 저절로 기는 건 아니어서, 몇 가지 영향 요인은 있다. 가령 부모가 교육을 통해 아이의 운동능력 발달을 도울 수 있다. 부모가 아이에게 관심을 기울이고 연령에 맞게 자극을 주면 대근육 운동능력에 긍정적 영향을 줄 수 있다. (물론 동전엔 양면이 있는 법이고 여기서도 예외는 없다. 부모가 아이를 마음대로 움직일 수 있게 해주면 대근육 운동능력은 발달하지만 소근육 운동능력 발달은 저해된다. 연구 결과를 보면 소근육 운동능력은 공간이 협소해서 마음대로 돌아다닐 수 없을 때 오히려 발달하기 때문이다, 자, 그러니 다 가질 수는 없는 법, 둘 중 하나를 선택해야 하는 것이다!)

물론 운동능력 발달에 부정적으로 작용할 수 있는 상황도 존재한다. 조산이 그중 하나라는 말을 듣고 놀랄 사람은 없을 것이다. 조산아는 일반적으로 발달이 느려서, 걷는 것도 예정일 전후에 태어난 아이들보다 늦다고 한다. 임신 중 혹은 출산 시 합병증 역시 상황에 따라 아기의 운동능력 발달에 부정적인 영향을 미친다.

환경도 일정 정도 영향력이 있다. 원치 않은 임신이었을 경우, 부모가 심리적인 문제를 겪는 경우, 부모의 교육 수준이 현저히 낮거나 부부 갈등이 오래가는 경우에도 아이의 발달이 느리다.

하지만 이런 부정적 영향들이 꼭 드라마틱한 것은 아니다. 오스트레일리아 물리치료사들의 관찰 결과를 보면 부모가 아이를 재울 때 똑바로 뉘어서 아이가 엎드리지 못하는 경우 운동능력 발달이 더디다. 하지만 요즘엔 전문가들도 유아돌연사 위험이 높다는 이유로 아기를 엎어 재우지 말라고 권하며, 운동능력의 더딘 발달도 일시적 현상에 불과하다. 물리치료사들의 연구 결과에도 해당 아동 대부분이 정상 아동과 비슷한 시기에 걸음마를 배웠다고 적혀 있다.

게다가 외부 영향과 운동능력 발달이 이렇듯 관련이 있다고 해서 어디서나 항상 반드시 그렇다는 뜻은 절대 아니며, 한쪽이 다른 한쪽의 원인이라는 뜻도 아니다. 아이가 기지 않는다고 해서 자동적으로 그 부모가 충분한 지원을 하지 않았다는 건 아니다. 부부 관계가 좋지 않았거나 아이를 조산한 것도 아니라는 말이다. 일반적으로 이런 종류의 연구 결과를 볼 때는 항상 이 점을 염두에 두어야 한다. 함께 나타나는 여러 특징을 서술한 것이지 인과관계를 말하는 것은 아니다.

아기들이 어떻게 움직이는지를 연구한 실험 결과는 많다. 이 주제는 특별히 성과가 많은 연구 분야인 것 같다. 아니면 특별히 간단하든가. 가령 튀빙겐에 있는 '막스플랑크 지능 시스템 연구소'의 학자들은 스웨덴의 심리학자 및 생명공학자들과 협력하여 아기들이 어떻게 기는지를 정확하게 조사했다. 이를 위해 총 18개의 반사기를 등, 머리, 무릎, 손목, 팔꿈치, 어깨, 엉덩이, 발에 붙였고 각 아기마다

20~40회의 기는 동작을 카메라를 이용해 3차원으로 녹화했다. 그런 다음 그 측정 자료를 컴퓨터에 입력해 팔과 다리를 몇 밀리초 동안 움직이는지, 멈춰 있는 시간은 얼마나 되는지, 얼마나 빨리 앞으로 나아가는지 등을 살펴보았다. 결과를 보면 아기들이 팔과 다리를 움직이는 속도는 대체로 같지만 팔과 다리를 연속으로 움직인 후 멈추는 시간은 저마다 달랐다. 그러니까 빠르게 기는 아이는 다른 친구들보다 각 동작 사이에 쉬는 시간이 짧은 것이다.

결론적으로 보면, 남들보다 일찍 기는 아이가 있고 늦게 기는 아이가 있으며, 운동능력 발달을 도와주는 환경이 있는가 하면 방해하는 환경도 있고 전혀 영향을 미치지 않는 환경도 있다.

그렇다면 자기 자식이 다른 집 아이들보다 늦게 기어서 걱정이 태산인 부모들에게 이 모든 연구 결과는 무슨 의미일까? 《베이직 육아 바이블Babyjahre》을 쓴 레모 라르고Lemo H. Largo를 비롯하여 스위스의 여러 소아과 의사들이 아동의 발달과정을 연구하기 위해 700명이 넘는 아동을 선정하여 출생 시점부터 성년이 될 때까지 오랫동안 꾸준히 관찰했다. 그 결과를 보면 기는 것은 운동능력 발달의 이정표로 볼 수 있지만 아동의 13%는 다른 이동 방식을 택한다고 한다. 가령 구르거나 배를 바닥에 대고 포복하거나 누운 채 엉덩이를 밀어서 움직이는 것이다. 그러니까 통계학적 관점에서만 본다면 기지 않는다고 해서 걱정할 이유가 전혀 없다. 아기 8명 중 1명꼴로 기지 않으니까 말이다. 스위스 소아과 의사들은 거기서 한 걸음 더 나아가 아동의 이동 방식은, 즉 기건 구르건 포복하건 엉덩이를 밀건 그 어떤 이동 방식도 이후의 발달에 아무런 영향을 미치지 않는다고 밝혔다.

세계보건기구가 정한 운동능력 발달의 이정표는 순서대로 확인해가면서 완료 여부를 따져야 하는 체크리스트가 아니다. 발달 속도는 아이마다 천차만별이며, 순서가 뒤바뀌는 아이도 있고 아예 한 단계를 건너뛰는 아이도 있다. 다양성이 정상인 것이다.

자녀가 정상적으로 발달하고 있는지 알고 싶으면서 동시에 새로운 데이터로 연구를 지원하고 싶은 부모들을 위해 독일 하이델베르크의 학자들이 온라인 프로그램 '유아기 정상 발달 지표Milestones of Normal Developement in Early Years'(MONDEY)를 개발했다. 부모는 생후 3년 동안 아이의 발달을 지켜보면서 중요한 이정표에 언제 도달했는지를 온라인으로 기입한다. 그럼 답례로 아동 발달이 정상 범주인지를 알려주는 짤막한 피드백을 받게 된다. 이 프로그램은 대근육 운동, 소근육 운동, 인지, 사고, 언어, 사회성 발달, 자기조절, 정서 발달 영역에서 아이의 발전단계를 파악한다. 기기 영역은 별도로 구분하지 않고 '팔다리로 이동'이라고만 지칭하므로 구르기와 앞으로 밀기도 여기에 포함될 수 있을 것이다.

그렇다면 우리가 아기의 기는 동작에 너무 많은 의미를 부여하는 걸까? 그에 대한 의견은 엇갈린다. 아동 발달에서 기기가 중요하다는 주장은 신빙성이 있어 보인다. 기는 동작은 근육과 사지 협응력을 키우고, 기어서 이동을 하게 되면 당연히 발달이 더 촉진된다. 이동을 통해 아이가 주변 세상을 발견하고, 모르던 장소와 물건을 알게 되며, 공간·위치·거리를 경험하게 될 테니 말이다. (이를 통해 세상을 보는 눈도 달라진다. 아이들을 오솔길을 따라 걷거나 기게 한 후 눈동자의 움직임을 추적한 뉴욕 대학교의 실험 결과가 그 사실을 입증한다.) 그러니 누워만 있지 않고 독자적으로 움직이는 아이는 부모와의 상호작용도 다를 수 있다. 다시 말해 사회성도 발달한다. 캘리포니아 심리학자들의 연구 결과를 보면 걷기는 언어학습에도 영향을 준다고 한다. 걸을 수 있는 아이는 나이와 관계없이 이해력이 더 높고 말도 더 잘한다.

걷기는 나약한 인간의 일이 아니다. 미국 심리학자들의 조사 결과를 보면 12~19개월의 평균적인 유아는 시간당 약 2,400걸음을 걸어 700미터를 이동하며 17번 넘어진다.

하지만 이 모든 연구 결과는—기건, 밀건, 구르건—스스로 이동해 바깥세상을 경험하는 것이 아동 발달에 중요하다는 의미일 뿐이다. 기기와 나중에 습득하는 능력, 가령 글쓰기나 계산 능력과의 연관성은 아직 확실히 입증된 바 없다.

10장

왜 아기 똥은
색깔이 다채로울까?

태어난 지 얼마 안 된 아기들도 똥을 누는 모습은 금방 알아
챌 수 있다. 아기가 얼굴을 찌푸리고 몸을 웅크리고 얼굴이 시
뻘게질 정도로 잔뜩 힘을 주다가 갑자기 혈색이 돌아오면서
아주 편안한 표정으로 행복한 미소를 짓는다. 거사를 마친 것
이다. 이제 부모가 나서야 한다. 기저귀를 갈 시간이니까.

　끝없이 나오는 젖은 기저귀는 아기와의 삶이 안겨주는 가
장 혹독한 시험 중 하나다. 기저귀는 크리스마스 선물 같다. 끌
러보면 그 안에 깜짝 선물이 들어 있다. 어떨 땐 찰떡 한 덩어
리가 떡하니 놓여 있다. 납작하게 눌리긴 했어도 제법 단단한

덩어리다. 그런 건 기분 좋은 깜짝 선물이다. 하지만 어떨 땐 고약한 냄새를 동반한 질벅대는 갈색 케이크다. 아기의 다리, 엉덩이, 생식기까지 그 갈색 똥으로 범벅이다. 그보다 더 심해서 줄줄 흐르는 죽 같은 설사일 때도 있다. 그런 선물은 진짜 걱정을 한 아름 안긴다.

오줌똥으로 범벅인 기저귀를 연신 갈아대야 하는 것이 처음엔 험난한 숙제가 아닐 수 없다. 힘에 부쳐 하는 이들도 적지 않아서, 인터넷에는 기저귀를 갈면서 숨을 참다가 얼굴이 새빨개지거나 구역질을 참느라 사투를 벌이는 아빠들의 재미난 영상이 넘쳐난다. 실제로 내 것이 아닌 분비물과의 사투는 무시무시한 도전일 수 있지만, 그럴수록 정신을 바짝 차리고 상황을 프로답게 마주하려 노력해야 한다. 첫째로 누군가는 해야 할 일이고, 둘째로 살다 보면 이보다 더 험한 일이 수두룩하며, 셋째로 기저귀 갈기가 재미나기도 하기 때문이다. 혐오감이 아니라 호기심을 갖고 아기 기저귀를 들여다보면 정말 놀라운 사실을 확인하게 된다. 아기 똥은 색깔이 변한다. 어떨 땐 초록색이다가 어떨 땐 검은색이고 그랬다가 다시 노란색, 베이지색, 오렌지색이 되기도 한다. 아기 기저귀에선 무지개색이 거의 다 발견된다. 이유가 뭘까? 아기 배 속에서는 대체 무슨 일이 일어나는 걸까? 왜 어른하고 다른 걸까?

"아기 기저귀에선 무지개 색이 거의 다 발견된다"는 표현은 살짝 거짓말이다. 아기 똥으로만 무지개를 만든다면 아무리 잘 봐주려고 해도 무지개로 보이기는커녕, 상당히 꼴 보기 싫을 것이다. 첫째는 너무 어두울 것이고, 둘째는 보라, 파랑, 초록, 빨강 같은 상당히 많은 색이 빠질 테니 말이다. 만일 아기 기저귀에서 이런 색깔이 발견되거든 지체 말고 병원으로 달려가야 한다.

기저귀를 갈 때마다 똥 색깔이 달라져서 놀라울 만큼 다채

로운 똥을 마주하게 되는 이유는 아기의 소화계가 아직 완전히 발달하지 못했기 때문이다. 아직 더 발달해야 하기에 매일 달라지고, 따라서 거기서 나오는 것도 매일 다른 것이다.

아기가 제일 처음으로 내놓는 배설물은 적잖이 충격적이다. 아무것도 모른 채 그 장면을 목격한 부모라면 걱정으로 마음이 불안할지도 모르겠다. 아이가 처음 싸는 똥은 검은 녹색의 끈적이는 점액 같기 때문이다. 보통은 태어난 후 이틀 안에 첫 배설을 한다. 하지만 이건 엄밀히 말하면 대변이 아니다. 대변이 아니라 양수, 담즙, 털, 대장점막세포의 혼합물이다. 상상해보면 좀 우웩…… 속이 안 좋을지 몰라도, 지극히 정상이다. 아기가 태어날 때 대장은 아직 기능을 하지 않는다. 아무것도 소화하지 않았기 때문에 소화되어 나올 것도 없다. 그래서 엄마 배 속에 있을 때 꿀꺽꿀꺽 삼켰던 것을 뒤섞어 모조리 밖으로 내놓는 것이다.

아기가 처음으로 기저귀에 내놓는 이 점액을 흔히 태변이라고 부른다. 의학용어로는 '메코늄meconium'이며, 이 말은 그리스어로 양귀비를 뜻하는 '메콘mekon'에서 유래했다[태변의 점액이 양귀비의 덜 익은 씨방에 상처를 낼 때 흘러나오는 끈적끈적한 액체, 즉 아편을 떠올리게 한다]. 그것이 대변이 아니라는 사실은 전문가가 아니어도 쉽게 알 수 있다. 태변은 초록색이고 일반 대변과 달리 냄새가 거의 나지 않는다.

이후 아기는 이 양귀비 아편 같은 태변을 두 번 다시 싸지 않는다. 세상에 태어난 아기는 젖을 먹기 시작하고 이에 따라 대장도 작업에 착수하기 때문이다. 아기의 대장에 차츰 (그곳에서 먹이와 집을 찾은) 박테리아 즉 세균들이 자리를 잡고 입으로 들어오는 음식을 소화한다. 이제부터 대장은 (그리고 아기는) 진짜 똥을 생산한다. 처음엔 아직 초록색이거나 노란색이어서 어른의 눈으로 보면 건강하지 않은 것 같지만 초록색과 노란색 똥은 아기 배 속 모든

양귀비

대장점막세포

담즙

양수

털

태변

것이 정상이라는 증거다. 간이 열심히 일해서 담즙을 생산한다는 의미이기 때문이다.

담즙은 간에서 생산되고 지방의 소화를 돕는 액체이다. 이 담즙이 아기의 변을 노란색에서 초록색에 이르기까지 갖가지 색으로 물들이며, 그중 초록색은 담즙이 상대적으로 너무 빨리 다시 분비될 때 띠는 색깔이다.

시간이 가면서 아기 변의 색깔은 차츰 우리의 변과 비슷해진다. 생후 1년 동안 아기 기저귀는 태변의 검은 초록과 담즙에 물든 초록-노랑을 거쳐 노랑, 오렌지, 갈색의 가을 색조로 물든다. 이 색깔의 원인은 다양한 장내세균이다. 아기는 생후 몇 달 동안 모유밖에 안 먹지만 (그래서 색조 변화를 유발할 만큼 메뉴가 다채로운 것이 아닌데도) 그곳에 터를 잡는 세균의 종류는 점점 더 다양해진다. 그건 곧 아기의 대장에서 많은 일이 일어나고 있다는 증거다. 이제 곧 이곳에서 독자적인 소화기 계통이 발달할 테니 말이다.

성인의 정상적인 대변은 담즙 색소 탓에 갈색을 띤다. 문제가 생겨 담즙 색소가 제대로 장으로 전달되지 못하면 변이 원래 색깔을 잃고 회백색을 띠게 된다. 아기 변을 올바르게 평가하도록 시중에 화가나 실내건축용 컬러 샘플 카드와 비슷하게 생긴 대변색 카드가 나와 있다. 전형적인 아기 대변 색깔과 비전형적인 색깔을 인쇄한

카드다. (요약하면 노랑·오렌지색·갈색·초록은 정상, 흰색·회색 등 밝은색은 비정상이다.)

아기는 엄마 자궁에 있을 때 상대적으로 무균인 환경에서 자란다. 하지만 세상에 태어나면 온갖 세균과 접촉하게 되고, 이것들이 순식간에 아기 대장에 둥지를 튼다.

세균의 첫 입주는 분만과 함께 시작된다. 주변 환경(분만실, 택시 뒷좌석, 맥도날드 등 아기가 세상의 빛을 처음 본 곳)에서 묻어 온 것도 있지만 본격적으로 세균들이 몰려오는 곳은 엄마의 몸이다. 유아 소화기 계통의 발달을 연구한 캘리포니아와 스칸디나비아 생물학자들은 아기가 엄마의 질을 지나 밖으로 밀려 나오는 자연분만이 주요 세균의 결정적인 원천인 것 같다고 주장한다.

그런데 아기가 자연분만으로 얻게 되는 세균은 놀랍게도 아기가 통과하는 엄마의 질에서 온 것이 아니다. 엄마의 변에 사는 장내세균을 아기가 입으로 삼키는 것이다. 그렇다. 제대로 읽었다! 변이다. 또 그걸 삼킨다는 것도 맞다. 으윽, 건강하지 않은 것 같다! 심지어 약간 속이 메스꺼운 기분 역시 나도 동의한다. 하지만 동시에 절로 감탄이 튀어나온다. 그것이 주목할 만큼 치밀하고 합목적적인 과정이기 때문이다. 아기가 세상으로 나오면서 엄마의 장내세균을 삼키면 아기의 몸에도 다양한 종류의 장내세균이 생겨난다. 아기는 엄마한테서 기본 장비를 물려받고 그것을 이용해 자신만의 소화계를 구축하는 것이다. 한마디로 말해 태어날 때 엄마한테서 엄청난 양의 미생물을 물려받는 것이다.

아기가 제왕절개로 태어나는 경우는 우리가 예상하는 대로 세균의 전달이 다른 양상을 띤다. 아기는 장내세균을 많이 받지 못한다. 그래서 제왕절개로 태어난 아이의 장에 사는 세균은 자연분만 아기보다 다채롭지 못하고 엄마의 세균과 비슷하지도 않다.

하지만 아기의 소화계 발달에 영향을 미치는 요인은 분만 하나가 아니다. 국제 의학자 팀이 스웨덴 신생아 98명을 대상으로 생후 1년 동안 장내세균총이 어떻게 조성되고 변화하며 안정되는지를 추적했다. 연구 결과를 보면 식사, 특히 수유가 박테리아의 종류와 양에 엄청난 영향을 미친다. 모유를 끊은 아기의 장에선 성인 특유의 박테리아들이 증가한다. 수유 중인 아기의 장에선 주로 젖산을 생산하는 박테리아, 즉 유산균인 비피도박테리아와 락토바실러스균이 발견된다. 의학자들은 이런 결과를 통해 아기 소화계를 성장시키는 요인은 이유식 섭취가 아니라 모유 중단이라는 결론을 내렸다. 그러니까 복잡한 장내세균 생태계를 엄마한테서 물려받은 후 제대로 키워 더욱 발전시키는 데 있어서 수유가 중대한 역할을 하는 것이다.

그건 그렇고 장내세균들도 고민이 없지는 않다. 여전히 이미지가 좋지 않기 때문이다. 열심히 일해봤자 알아주기는커녕 오히려 부끄럽게 여기며 자꾸 숨기려고 한다. 흔히 소화는 별 볼 일 없는 장소에서 일어나는 크게 자랑스럽지 못한 신체 기능으로 생각하니 말이다. 하지만 소화는 생사를 좌우하는 고도로 복잡한 과정이며, 장내세균은 단순히 음식물을 분해하는 차원을 넘어 정말로 많은 일을 하는 일꾼들이다. 예를 들면 아미노산의 생산과 비타민 공급에도 일조하며 면역계에도 영향을 미친다. 더 나아가 녀석들이 참여하는 수많은 과정은 두뇌의 건강한 발달에도 필수적이기에 많은 학자들은 장내세균이 심지어 우리의 행동에도 영향을 미친다고 추측한다. 정말 놀랍지 않은가?

우리의 장에 사는 고도로 복잡한 미생물 군집은 우리 몸에서 이처럼 수많은 엄청난 일들을 해내지만, 사실상 맨땅에서 빈손으로 시작하는 셈이다. 그 놀라운 증식과 성장의 과정을 우리는 아기 똥 색깔의 변화를 통해 밖에서도 인식할 수 있는 것이다. 하긴 처음 기저귀 내용물만 보고서 그 뒤편에 숨어서 이제 막 성장을 시작한 복잡한 생태계를 짐작하기란 쉽지 않은 일일 테지만.

물론 항상 복잡하고 매력적인 것은 아니다. 아기 똥이 어떤 색일지,

왜 그럴지가 너무나 뻔한 경우도 있다. 아기가 모유와 함께 이유식을 먹기 시작하면 굳이 과학적 전문지식이 없어도 식단만 보고서 변의 색깔을 짐작할 수 있다. 당근이나 호박을 먹으면 오렌지색이 되고 시금치나 양상추, 브로콜리를 먹으면 어두운 초록색을 띨 테니까.

이런 생태계가 발달하려면 시간이 걸린다. 미국의 한 연구팀은 530명의 대변을 조사하여 (이 분야 역시 건지는 게 적지 않은 것 같다) 장내세균총이 단계적으로 성장하여 1~3세가 되면 성인과 같은 구조를 갖춘다는 사실을 밝혀냈다. 그로써 대장의 성장은 완료되고 이때부터 아기의 변은 예전과 같은 다채로움을 잃고 성인과 같은 평범한 갈색을 띠게 된다.

만성 대장염을 앓는 환자는 장에 사는 박테리아 공동체가 제대로 성장하지 못하기 때문에 건강한 장내세균을 장에 넣어주면 도움이 될 수 있다. (여기까지는 객관적이고 과학적인 내용이지만 혹시라도 성정이 예민하여 이 장을 읽는 내내 속이 별로 좋지 않았다면 아래의 단락은 건너뛰는 것이 좋을 것 같다. 이제부터는 어떻게 하는지를 구체적으로 설명할 참이니 말이다.) 그걸 두고 분변 이식이라고 부르는데 아이들에게도 실시한다. 건강한 기증자의 변을 희석해 대충 거른 후 환자에게 전달하는 것이다. 전달 방식은 항문에 관을 집어넣거나 콧줄을 이용하기도 하고 캡슐에 넣어 삼키기도 한다. 의사와 환자가 쓸 만한 분변을 쉽게 찾을 수 있도록 요즘엔 분변은행도 있다.

이 장을 읽으며 아마 깨달았을 것이다. 이 사회에서 무시하는 것들, 혹시 누가 들을까 봐 목소리 낮춰 이야기하는 것들이 의학에서는 지극히 정상적인 일상이라는 사실을 말이다. 그래서 아기 똥 색깔도 소아과 의사들에겐 낯선 문제가 아니며, 얼마나 자주 싸느냐, 얼마나 딱딱한가 등등 학자들이 아기 똥에 대해 알아낸 사실들을 기록한 연구 논문도 아주 많다.

가령 오스트레일리아의 소아 소화기내과 의사들은 140명의 아기를 대상으로 변을 연구했다. 더 정확하게 말하면 부모들에게 불쾌한 일을 떠넘겨, 일주일 동안 자녀의 똥을 자세히 살펴 기록해달라고 주문했다. 그리고 그 기록한 내용을 분석했더니 어릴수록 대변을 자주 보았고 젖을 먹는 아기는 시제품 이유식을 먹는 아기보다 변이 물렀다. (더구나 젖을 먹는 아기는 볼일도 자주 보고 주기도 훨씬 가변적이었다.) 유아 660여 명을 대상으로 연구를 진행한 이탈리아 학자들도 같은 결과를 발표했다.

2005년 또 한 팀의 이탈리아 학자들이 재확인을 위해 힘을 모았다. 전국에서 60명이 채 안 되는 소아과 의사들을 무작위로 선별해 총 2,680명의 아동에게서 배변 자료를 확보한 것이다. 이 전국적 규모의 대변 실험 결과를 보면, 생후 1~2년은 배변 횟수가 변하지 않지만 2년이 지나면 줄어들어 12세가 될 때까지 안정적으로 유지된다고 한다. (이 지식으로 뭘 할지는 당신에게 맡기겠다.) 남녀의 차이는 확인되지 않았다.

또 배변 횟수가 적을수록 변이 딱딱하며 일을 보는 시간이 길고 통증도 자주 느꼈다. 나아가 이 의사들은 상당히 기괴한 또 한 가지 연관성을 발견했다. 집에 같이 사는 사람이 많고 방이 많을수록 아기의 배변 횟수가 적었다. 물론 의사들은 질환이 배변에 어떤 영향을 미치는지도 연구했다. 어쨌거나 그들 역시 의학자니까. 그랬더니 과연 직장 부근에 문제가 있는 (점막이 찢어지거나 염증이 있거나 농양 혹은 치질이 있는) 경우엔 건강한 아이들에 비해 배변 횟수가 적었다. 부모가 이미 변비인 경우엔 아이들 역시 나이와 관계없이 배변 횟수가 현저히 적었다. (이 논문에서는 부모가 이미 변비라는 직접적 표현 대신 '변비 양성 이력positive history of constipation'이라는 완곡한 표현을 사용했다. 그래서 나는 번역을 고민하다가 차라리 그냥 무슨 뜻인지 풀어 쓰자고 마음먹었다. 세상에 어느 누가 '긍정적인 변비의 역사 positive history of constipation'를 되돌아볼 수 있겠는가?)

다들 짐작하겠지만 학자들은 아기 똥에만 관심이 있는 게 아니어서 사람은 물론이고 동물의 배설물에도 일반적으로 흥미를 느낀다. 사실 배변 샘플만 보아도 그 사람이 어떤 질병이 있는지 혹은 있었는지, 우리 조상들이 어떻게 살았는지, 야생 동물이 뭘 먹는지, 멸종한 동물종이 무엇을 먹고 살았는지를 알 수 있다. 생물학자나 의학자 중에는 이 분야를 집중 연구하는 사람들이 있다. 이처럼 배설물을 연구하는 전문분야를 일컬어 '분변학coprology'이라 부르고, 석화된 배설물, 즉 화석은 '분석coprolite'이라고 부른다. (누군가 화석을 발굴했다고 자랑하거든 공룡 뼈가 아닐 수도 있다는 점을 상기시켜주자. 굳어 돌이 된 똥무더기일 수도 있으니까.)

배설물에 전문적인 관심을 기울이는 방법은 또 있다. 배설물은 문화적 측면과 심리학적 측면에서도 많이 연구된다. 가령 대변 유머와 대변 언어, 그림과 문학에 숨은 대변, 배설물에 얽힌 성적 취향 등이 주요 연구 주제다.

잠시 이 장의 원래 주제인 아기 똥에서 벗어났지만, 다시 정신을 차리고 그 문제로 돌아가보자. 앞에서 아기의 첫 배변을 태변이라 부른다고 말했다. 그런데 가끔 아기가 아직 기저귀를 차기도 전에, 그러니까 분만 중이나 심한 경우 엄마 배 속에서 태변을 싸기도 한다. 둘 다 경고 신호다. 분만 중이나 분만 직후에 태변을 싼다는 건 곧 아기가 스트레스를 받았거나 위급하다는 뜻이기 때문이다. 그래서 의사나 조산사는 양수의 색깔(정상적일 때는 초록색이 아니라 맑다)과 아기의 색깔을 유심히 살핀다. 아기나 양수가 초록색이면 아기가 아직 기저귀도 채우지 않았는데 벌써 똥을 쌌다는 뜻이기 때문이다. 쇼

크나 산소부족이 원인일 수 있지만 꼭 그런 극적인 이유 때문만은 아니다. 가령 난산이라 아기가 산도에 짓눌리다 보면 그만 실수로 장을 비워버리는 경우가 있다. 또 엄마 배 속에 너무 오래—다시 말해 40주 이상—있는 아기들도 스트레스를 받지 않았는데도 가끔 태변을 싼다. 밖으로 나가고 싶다는 확실한 신호인 것이다. (그나마 10대들은 같은 마음일 때 다른 방식으로 표현하니 얼마나 기특한지 모른다.)

그래서 양수에 태변이 섞이는 일이 드물지 않게 일어난다. 신생아 10명 중 1명꼴로 발생한다. 하지만 절대 예사로 넘겨서는 안 된다. 아기가 그 양수를 들이마실 수도 있는데, 그러면 아주 위험하다. 이를 두고 태변흡인 증후군meconium aspiration syndrome이라 부르는데, 생명을 위협하는 호흡곤란이나 폐렴을 일으킬 수 있다. 따라서 아기가 태변을 뒤집어쓰고서 시금치처럼 파래져서 세상에 나오면 의사나 조산사는 얼른 그것을 씻어낸다. 아기가 호흡 문제를 겪을 경우엔 더 심각한 상황을 예방하기 위해 서둘러 기도 삽관으로 태변을 빨아낸다.

드문 경우지만 태변이 너무 끈적여서 신생아의 장에 달라붙어 장을 막는 일도 일어난다. 그런 조기 장폐색의 원인은 신진대사장애일 수 있다. 유전질환인 낭포성 섬유증cystic fibrosis 환자의 경우 가래나 태변 같은 여러 신체 분비물이 과도하게 끈적인다. 이 질환은 아직까지 치료가 불가능하지만 조기 치료를 통해 생명을 연장할 수는 있다. 2016년 이후 독일에서 태어난 모든 신생아는 출생 직후 낭포성 섬유증 검사를 받는다.

아기의 태변은 엄마가 임신 중 담배를 얼마나 피웠는지도 알려준다. 미국 의학자들이 약 340명의 산모를 대상으로 흡연 행동에 관한 설문조사를 실시하고 그들이 낳은 신생아의 태변을 분석한 후 둘 사이의 연관성을 추적했다. 그리고 다음과 같은 사실을 확인했다. 엄마가 담배를 많이 피웠거나 담배연기에 많이 노출되었을수록 태변에서 니코틴 부산물인 코티닌이 많이 검출되었다. 그러니까 태변은 임신 중에 엄마가 얼마나 니코틴을 많이 흡수했는지를 말해준다. (하지만 니코틴을 어떤 시기에 흡수했는지에 대해서는 알 수가 없다. 그러니까 엄마가 적은 양을 계속해서 피웠는지 아니면 임신 말기에 짧은 기간 줄담배를 피웠는지는 구분할 수 없는 것이다.)

지금까지 나는 엄청난 숫자의 기저귀를 갈았다. 아마 1,000개에서 2,000개 사이 어디쯤일 것이다. 아기가 태어나기를 기다리거나 이제 막 태어난 아기를 바라보며 기저귀 노동이 끝이 없을까 봐 걱정되거나, 인터넷 영상 속 아빠들처럼 구역질을 하게 될까 봐 염려되거든, 내 말을 믿고 안심하라. 자식이 생기면 많은 것이 바뀐다. 특히 구역질의 대상이 달라진다. 젊은 엄마 아빠에겐 온종일 쉬지 않고 오줌, 똥, 침, 토사물이 밀려들지만, 그 자체만 놓고 보면 정말 꼴도 보기 싫었을 분비물도 자꾸 보다 보면 정이 들기 마련이다. 우리가 사랑하는 자녀의 것이기도 하거니와 육아의 일상은 워낙 스트레스가 가득해서 이것저것 가리고 따질 계제가 아니다. 그래서 실용주의 노선을 취하게 되고, 예전 같으면 우웩 했을 것들도 평정심을 잃지 않은 채 "또 쌌구나!" 하고 담담히 받아들일 수 있게 된다.

긍정적으로 보라. 이 모든 지식은 분비물이 넘쳐나는 육아의 산을 힘들여 오를 때도 큰 도움이 되지만, 무엇보다 우리 몸의 신기하고 놀라운 비밀을 알려주는 것이다.

11장

견과가 안 되는 건, 알레르기 때문만은 아니야!

아기들은 자주 아프다. 콧물과 기침을 달고 살고, 특히 어린 이집에 보낸 첫 해에는 마주치는 모든 바이러스와 세균을 두 팔 벌려 환영하는 것 같다. 그래서 백일이나 돌을 맞아 기념사진이라도 찍으려 해도 날짜를 잡는 것이 여간 고역이 아니다. 컨디션이 좋은 날을 좀처럼 찾기 힘들기 때문이다. 기운이 하나도 없는 것처럼 맹한 표정으로 쳐다보지 않으면 콧물이 줄줄 흐르고, 콧물이 그쳤나 싶으면 이번엔 줄담배라도 피운 듯 콜록콜록 기침을 해댄다. 부모라면 모름지기 이런 불운을 받아들이고 적응해야 한다. 온갖 감염병도 성장과정의 빼놓을 수 없는 일부니까 말이다.

하지만 쌩쌩하던 아기가 마른하늘의 날벼락처럼 심한 기침을 하기 시작하고 목에서 갑자기 이상한 잡음이 나면서 숨을 쉴 때마다 고롱고롱 쌕쌕거리거나 갑자기 축 늘어지면서 맥을 못 추거든, 단순한 감기가 아닐 수 있으니 당장 병원을 찾아야 한다. 견과를 먹었을지도 모르기 때문이다.

아기의 식생활이라면 주의해야 할 사항이 산더미다. 가족과 친구들의 조언도 모자라지 않는 데다 이 주제를 다룬 책들은 또 어찌나 많은지 해변의 모래알도 저리 가라 할 정도다.

흔히 지상의 모래알보다 우주의 별이 더 많다는 말을 자주 한다. 하지만 정말 그런지는 아무도 모를 일이다. 눈으로 볼 수 있는 우주에 별이 몇 개나 되는지 모를뿐더러 지구에 모래알이 몇 개나 되는지도 모르기 때문이다. 둘 다 추측만 가능한 불확실한 사안이다. 어쨌거나 상상할 수 없을 만큼 많은 별과 상상할 수 없을 만큼 많은 모래알이 있다고 말할 수 있을 것이다. 부모에게 조언을 던지는 책도 상상할 수 없이 많지만 그래도 별이나 모래알보다는 좀 적을 것 같다.

그래서 부모들은 이런저런 경로로 아이에게 견과를 먹이면 안 된다는 사실을 알게 된다. 견과는 건강에 좋은 식품이다. 미네랄과 비타민, 불포화지방산을 함유하고 있으므로 '독일 연

방 영양센터'도 소중한 영양공급원으로 추천한다. (물론 '적당
히' 먹을 것. 견과는 칼로리가 높다.) 하지만 어린 아기에겐 견과
가 위험하다. 작고 둥글어서 쉽게 기도로 넘어가기 때문이다.

상상만 해도 끔찍하다. 하지만 정말
로 그럴까? 정말 견과는 위험할까?

간단히 정리하자면 그렇
다. 폐에 들어간 견과는
응급실 단골 메뉴다. 물
론 견과만이 아니라
삼키거나 흡입하기
쉬운 물건은 전부
응급실에서 발견된
다. 이와 관련해서 미
국에서 나온 놀라운 자
료가 있다.

↙ 땅콩

- 2008년 1만 7,000명 이상이 이물질에 기도가 막혀 응급실에서 치료를 받았다.
- 2009년 총 220명의 아동이 이물질 흡입으로 사망했다.
- 실수로 인한 이물질 흡입 사고가 신생아 사망 원인 중 3위를 차지한다.

특히 유아의 경우 폐에 넣지 말아야 할 이물질이 들어갈 위험이 높다. 아기들은 무엇이든 잡았다 하면 입으로 가져가기 때문이다. 게다가 유아는 이가 없어서 입에 들어온 것을 잘 씹을 수가 없다. (이가 났다고 해봤자 앞니뿐이라 잘 씹지 못한다.) 그래서 아기들은 씹지 않은 큰 이물질을 혀로 밀어 목구멍으로 보내는 경우가 많고, 또 깜짝 놀랐을 때처럼 엉뚱한 순간에 반사반응을 일으켜 그것을 흡입할 수 있다.

우리 몸은 기도로 들어오는 침입자를 크게 반기지 않아서, 가장 신속한 방법으로 내보내려고 애쓴다. 자동으로 기침을 시작하는 것이다. 운이 좋으면 기침만 해도 침입자를 다시 밖으로 몰아낼 수 있다. 하지만 기침을 해도 이물질이 몸에 남아 있다면 사태가 심각하다. 그것이 그곳에서 온갖 해를 입힐 수 있기 때문이다. 최악의 경우 어딘가에 걸려 있다가 기도를 막아 질식을 일으킬 수도 있다.

이물질이 기도를 따라가서 폐에 도착하는 경우도 있다. 그럼 어떻게 되는지 잘 모르겠다는 분들을 위해 내가 아주 분명하게 설명하겠다. 폐는 뭔가를 저장하기에 좋은 장소가 아니다. 폐에 도착한 이물질은 폐의 일부를 막아 격심한 호흡장애와 호흡곤란을 일으킬 수 있고, 기침이 멈추지 않을 수도 있으며 폐렴을 일으키고 폐를 손상시킬 수도 있다. 또 그 이물질이 폐에 들어가고도 한참 동안 잘 사는 바람에 까맣게 잊어버리고 있는데 어느 날 갑자기 빠져나와 기도를 완전히 막아버려 질식을 유발할 수도 있다.

또 다른 나쁜 결과가 일어날 수도 있는데, 가령 흡입한 채소조각이 천천히 부풀어 올라서 몇 시간 혹은 며칠이 지난 후에 천명음[기도가 좁아져서 숨을 내쉴 때 쌕쌕 또는 그렁그렁 하는 호흡음]이나 호흡곤란을 일으키고 피부를 파랗게 변색시키거나 질식을 유발할 수 있으며, 기도로 들어간 견과는 염증, 화농, 부종을 일으킬 수 있다.

견과 하면 예전에 나는 소파에 누워 견과를 집어먹으며 TV를 보는 여유로운 저녁시간을 먼저 떠올렸다. 혹은 생일파티나 연말파티, 게임을 연상했다. 하지만 지금은 질식사부터 먼저 떠올린다. 아빠가 되고 나서는 견과가 주는 그 여유가 싹 사라져버렸다. 아빠가 된다는 건 그런 것이다. 아기가 태어난 후로는 사방에 위험이 널려 있다. 악의 없는 식탁 모서리가 아이의 이마를 찢어 피를 내고, 그냥 무심히 서 있던 책장과 옷장이 넘어져 아이를 깔아뭉개며, 에스컬레이터는 아이의 이를 깨뜨리고, 국그릇과 찻잔은 화상을 유발하며, 연필은 눈을 찌르고, 촛불은 화재를 일으킨다. 아빠의 일상은 19금 잔혹 영화다. 항상 눈을 부릅뜨고 지켜야 한다. 그리고 만반의 준비를 하고 있어야 한다.

가령 아기가 무언가를 삼켜서 갑자기 기침을 하고 이상하게 숨을 쉬거나 숨을 쉴 때마다 이상한 소리가 난다면, 당장 119에 전화를 걸어야 한다. 특히 아기가 숨을 쉬지 않거나 파랗게 질렸다면 가만히 앉아서 기다릴 것이 아니라 당장 조치해야 한다. 분초를 다투는 화급한 사안이기 때문이다. 아기를 팔에 엎어서 얼굴이 아래를 향하게 하고 등을 두드린다. 그런 후 삼킨 이물질이 나왔는지 입속을 살핀다. 나오지 않았다면 상황은 심각해진다. 심폐소생술, 즉 인공호흡과 심장 마사지를 시작해야 한다. (응급처치 교육 시간에 배운 그대로 따라 하면 된다. 물론 정확히 어디를 눌러야 하는지 잘 몰라 허둥댈 수 있지만 상관없다. 따라 해보자. 그리고 얼른 도움을 청하라!)

아기가 돌이 지났다면(반드시 그런 경우에만) 심폐소생술을 하기 전에 한 가지 더 할 수 있는 조치가 있다. 하임리히법이다. 그렇다. 응급처치 교육 시간에 이론으로만 배우고 실습은 안 해본 바로 그 처치법, 코미디 영화에 단골로 나오는 그 처치법이다. 아이를 뒤에서 양팔을 둘러 감싸 안고 배 위쪽에 손을 대고 깍지를 낀 후 아이를 당신 쪽으로 확 잡아당긴다. (응급처치 교육 시간에는 한 손은 주먹을 쥐고 다른 손으로 그 주먹을 감싸라고 배웠겠지만 소아는 그렇게 하면 안 된다.) 이 방법이 성공할 경우의 결과를 의학자들은 다음과 같이 표현한다. 복부 압박으로 기도가 눌려 이물질이 목구멍으로 뱉어질 수 있다고 말이다. 알아들었는가? 그러니까 의학자들이 하고 싶은 말은 이것이다. 당신이 아이를 힘껏 잡아당기면 배를 짓누르게 되고 배는 횡격막을 누르고 횡격막은 폐를 위로 눌러 올려 인위적인 기침을 유발하고, 그로 인해 이물질이 급히 폐에서 튕겨 나오는 것이다. 그런 다음엔 이물질이 나왔는지 살핀다. (이 방법을 사용한 후엔 반드시 병원에 가야 한다.) 나오지 않았다면 앞에서 말했듯 돌이 지난 아기한테도 심장 마사지와 인공호흡을 실시해야 한다.

신생아의 경우엔 절대로 하임리히법을 사용하면 안 된다. 내장에 심각한 부상을 입힐 수 있다. 응급처치 교육 시간에 이 방법을 실습하지 않는 이유도 마찬가지다. 아무리 어른이라도 장기 손상이 일어날 수 있기 때문이다. 응급처치를 가르치는 선생님이 당신에게 주고 싶은 것은 자격증이지 간 손상이 아닐 테니까 말이다.

아무리 노력해도 흡입한 이물질을 꺼낼 수가 없다면 전문가, 즉 의사에게 달려가야 한다. 병원에 가면 의사들이 X선 같은 장비로 기도를 촬영하거나 내시경을 삽입하여 이물질을 찾은 다음 내시경 집게로 집어낸다. 전신마취를 하는데, 그 편이 모두에게 좋다. 일단 이물질을 폐 밖으로 꺼내면 위험은 사라진다. 흡입한 이물질 자체나 그것을 꺼내는 과정에서 부작용이 생기는 일은 드물다.

이런 극적인 순간이나 더 나쁜 상황을 예방하려면 아이가 입에 뭘 넣은 상태로 뛰어다니지 않게 해야 한다. 특히 입에 뭘 넣은 채 트램펄린을 타는 건 절대 금지다.

이물질 흡입 사고는 4세까지의 아동에게서 가장 자주 발생하며 여아보다는 남아에게 더 빈발한다. 견과가 기도와 폐로 들어간 아이가 병원에 갔다가 내시경으로 견과 말고 다른 것들까지 같이 꺼내는 경우도 적지 않다. 작은 플라스틱 조각, 장난감, 바늘, 당근 조각, 포도알, 사과, 돌, 해바라기 씨앗, 작은 구슬, 단추, 동전 등 온갖 것이 끌려 나온다.

학교에 다니는 아이들의 경우 깨진 치아와 나사, 볼펜뚜껑 같은 사무용품이 단골 메뉴다. 남자아이들에게서는 핀이 자주 발견된다.

폐를 향해 가는 이물질은 오른쪽으로 방향을 꺾을 때가 많다. 약 45~57%의 이물질이 우측 폐엽으로 들어가고, 죄측 폐엽으로는 18~40%밖에 들어가지 않는다. 이유는 우리 몸의 구조에 있다.

혀를 지나 목구멍을 거쳐 기관으로 꺾어든 후 조금 가다 보면 갈림길이 나온다. 왼쪽으로 틀면 좌측 폐엽이 나오고(접어드는 길목을 좌측 주기관지라 부른다), 오른쪽으로 틀면 당연히 우측 폐엽이 나온다(접어드는 길목은 우측 주기관지이다).

기관은 전문용어로 트라케아trachea라고 부른다. 딸아이한테 특이한 이름을 지어주고 싶다면 괜찮은 이름 아닌가? "트라케아, 비스킷 먹을래?" 아들한테 특이한 이름을 지어주고 싶다면 기관의 갈림길들 중에서 하나 골라보자. 기관지는 어떤가? 전문용어로 브론쿠스bronchus라고 부른다. "브론쿠스. 에비! 안 돼요. 지지야!"

기관의 양 출구인 좌측 주기관지와 우측 주기관지는 살짝 차이가 있다. 기관을 저 속까지 들여다볼 수 있다면—물론 일상에선 그럴 기회가 드물지만—딱 봐도 우측 출구가 더 가고 싶게 생겼을 것이다. 왼쪽 출구는 샛길 같은 기분이 든다. 이유는 하나다. 흉곽 왼쪽은 심장이 자리하고 있어서 폐가 차지하는 공간이 좁다. 그래서 좌측 폐엽은 우측보다 크기가 작고, 왼쪽으로 꺾이는 길도 더 가늘고 조금 더 가파르다. 무슨 설명이 이렇게 모호하냐, 정확한 숫자를 대라, 하시는 분들을 위해 설명을 추가한다면, 왼쪽 폐엽으로 가는 길은 35도 각도로 꺾여서 '11시' 방향이지만 오른쪽으로 가는 길은 각도가 20도밖에 안 되어서 대략 '1시 반' 방향이다. 그래서 견과 역시 기관이라는 큰 도로를 따라가다 보면 아무래도 왼쪽보다는 오른쪽으로 많이 들어가게 된다. 의사들이 왼쪽 폐엽보다 오른쪽 폐엽에서 더 자주 이물질을 끄집어내는 것도 그 때문이다.

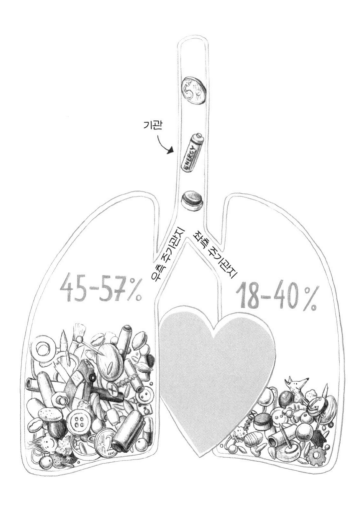

아이들보다는 드물지만, 어른들도 실수로 삼킨 이물질이 엉뚱한 장소로 가는 경우가 있다. 발견되는 물건의 인기 목록을 보면 곡식 낱알, 견과, 뼛조각, 바늘, 작은 장난감, 동전, 그리고 우리 입 안에 있는 온갖 것, 즉 치아교정기, 마우스가드, 치아 충전재, 치관 등이다. 미국에서 2006년에 실수로 물건을 삼키고 흡입해 사망한 사람의 숫자는 총 4,100명에 이른다.

이 숫자만 들어서는 가늠이 잘 안 된다. 그게 적은 걸까 많은 걸까? 미국은 워낙 큰 나라니까 4,100명 정도는 그리 많은 인원이 아닐 수도 있다. 그렇다면 작은 도시로 옮겨 생각해보면 어떨까? 그럼 가늠하기가 훨씬 수월할 것이다. 가령 독일 도시 보훔[독일 북서부 노르트라인베스트팔렌주에 있는 도시로 2020년 추계 인구는 37만 5,992명이다]에서 해마다 물건을 삼켜 사망하는 사람은 5명이다. 그 정도면 안심할 수 없는 숫자다.

삼킨 물건이 항상 기도로 들어가는 것은 아니다. 다른 방식으로도 해를 입힐 수 있다. 쉽게 상상되지 않는다면 이비인후과 의사들이 보는 전문잡지 《인후학-비학-이학*Laryngo-Rhino-Otologie*》을 참조하라. 예컨대 삼킨 물건이 식도에 꽉 박힐 수 있다. 제일 잘 박히는 물건으로 배터리, 동전, 자석, 큼직한 식재료가 꼽힌다. 2002년에서 2011년까지 미국에서 약 1만 6,000

명이 자석을 삼켰다. 우스갯소리로 들리지만("어머, 자기, 이것 좀 봐. 냉장고 자석이 내 배에 붙었어!") 매우 위험하다. 삼킨 자석이 대장벽을 뚫고 나오면 환자는 사망한다.

이 장에서 뭔가 교훈을 얻고자 하는 이들을 위해 나는 특히 두 가지를 추천하고 싶다.

– 자석은 먹지 마라!
– 애들한테 견과 먹이지 마라!

그러니까 견과가 유아에게 매우 위험하다는 말은 헛소문이 아니라 사실이다. 독일 '소아청소년의사회'는 유아 질식사의 절반이 견과 때문이라고 경고한다. 특히 땅콩이 위험하다. 아이들도 껍질을 쉽게 깔 수 있는 데다 아예 껍질을 까서 소금을 친 시제품을 주전부리로 집안 곳곳에다 두기 때문이다.

유아에게 위험한 것은 견과의 크기와 형태다. 그것 말고는 문젯거리가 없다. 가령 땅콩버터는 최근 의료계에서 큰 인기를 끌었다. 아기가 땅콩버터를 먹고 질식했다는 말은 들어본 적이 없는 데다, 2015년에 실시한 한 실험에서 땅콩버터를 먹는 아기는 나중에 땅콩 알레르기가 생길 확률이 현저히 낮다는 사실이 밝혀졌기 때문이다. 이 실험을 실시한 학자들은 일찍부터 땅콩과 접촉함으로써 아기의 위장이 알레르기 반응을 보이지 않고 땅콩에 적응하는 것이라고 추측한다. 그러나 '소아 알레르기학과 환경의학 협회'는 연구 결과를 과대평가하지 말라고 경고한다. 무엇보다 이 연구가 아토피를 앓는 아이들만을 대상으로 조사한 결과이기 때문이다. 그러니까 결과를 건강한 아동에게 함부로 적용할 수는 없다는 것이다. 건강한 아동에게선 전혀 다른 것일까?

아동 아토피 환자만을 실험대상으로 선별한 이유는 무엇일까? 언뜻 보기엔 적절한 선택이 아닌 것 같다. 이 집단이 일반을 대표하지는 않으니까 말이다. 연구에서 특정한 집단을 대상으로 선정하는 데는 보통 두 가지 이유가 있다. 첫째 당장 인원 수급이 가능하기 때문이다. 다른 사람이면 더 좋겠지만 모으기가 쉬워서 이들을 택하게 되는 것이다. 가령 대학생들은 대학에 가기만 하면 우글우글하므로 큰돈 들이지 않고도 쉽게 모을 수 있다. 그래서 원래는 다른 사람들을 구하고 싶었는데 그냥 이들을 택한다. 또 다른 이유는 그편이 합리적이고 실험 의도에도 적합하기 때문이다. 가령 중년 여성에 대해 알아내고자 하는 바가 있다면 전체 연령대에서 실험대상을 구하는 건 적절하지 못할 것이다. 만일 그렇게 한다면 밝혀낸 결과에서 남성과 젊은 여성의 결과를 다시 삭제해야 할 테니 말이다.
땅콩 알레르기 연구는 두 번째 경우다. 실험대상은 의도적으로 선별한 사람들이다. 아토피를 앓는 아이들은 그렇지 않은 아이들에

비해 더 자주 식품 알레르기를 앓는다. 그러니까 식품 알레르기 연구를 위해선 아토피 아동이 매우 좋은 목표집단인 것이다.

하지만 특정 알레르기를 예방하기 위해서 아이들에게 해당 식품을 일찍부터 먹여야 할지는 아직 최종 결론이 나지 않았다. 아직도 많은 학자가 계속해서 연구하고 있는 분야이다. 땅콩버터 연구 역시 이 분야가 추가 연구의 가치가 있다는 증거라 할 것이다.

견과가 과연 무엇인가 하는 질문도 흥미롭다. 견과堅果를 견과로 만드는 것이 정확히 무엇일까? 이 질문에 대답하자면 생물학 공부가 더 필요하겠지만, 일단 견과는 폐과閉果, 즉 다 익은 뒤에도 껍질이 터지지 않고 씨를 싼 채로 떨어지는 열매다. 가령 베리류 과일, 핵과核果(살구, 망고, 버찌, 올리브, 자두 등)와 견과가 폐과에 해당한다. 핵과는 세 겹의 층으로 되어 있다. 딱딱하게 굳은 핵을 과육이 둘러싸고 그 과육을 다시 껍질층이 둘러싸고 있다. 이 세 겹의 층이 모두 굳어서 딱딱하다면 핵과가 아니라 견과이다. 하지만 아마도 이런 설명은 별 도움은 되지 않을 것이다. 우리가 진짜로 견과인지 알고 싶은 열매들은 아무리 이리저리 살펴봐도 출신과 성장과정을 짐작할 수 없으니 말이다. 그래서 우리는 대부분 어떤 식물의 열매인지를 보고서 견과인지 아닌지를 판단한다. 몇 가지 언질을 드리자면, 호두, 땅콩, 개암은 진짜 견과이고 코코넛, 아몬드, 피스타치오는 진짜 견과가 아니다. 후자는 핵과 열매의 핵이다.

12장

태아기름막은
천연 살균보습제!

출산은 어마어마한 경험이다. 몇 시간의 통증과 산고 끝에 작은 아기가 세상에 나온다. 불쑥 나타나서 울고 버둥대고 하품을 한다. 완전히 새로운, 세상에 단 하나밖에 없는 인간이다. 너무나 작고, 너무나 멋진, 하나의 기적이다. 그러나 그 작은 것을 처음으로 품에 안고서 가만히 들여다보고 있자면 도저히 인정하지 않을 수가 없다. 참말로 못생겼다.

누구나 그렇게 생각한다. 지금 완전 흥분한 데다 밤에 잠을 통 못 자는 바람에 녹초가 된 사람, 그러니까 이제 막 엄마나 아빠가 된 사람이 아니라면 누구나 아는 사실이다. 막 태어난 아기는 객관적으로 볼 때 예쁘지 않다. 쭈글쭈글하고 태어나느라 너무 고생해서 지친 데다 대부분 황백색 기름층으로 덮여 있다. 썩 신선하지 않은 치즈 한 통을 몸에 골고루 바른 꼴이다. 그래서 이 태아기름막, 즉 태지胎脂를 치즈 칠vernix caseosa이라고 부른다.

솔직히 분만실에 있는 것들 중에서 밥맛을 돋우는 건 없다. 하지만 대부분은 거기 두고 나오거나 깨끗하게 씻어낸다. 그런데 유독 태아기름막만은 그러지 않는다. 조산사는 애당초 그걸 닦아내려는 생각이 없어서 그대로 내버려둔다. 볼품없는 기름진 막을 뒤집어쓴 아기는 원래 모습을 알아볼 수가 없다. 그래서 화가 난 부모들이 고개를 갸웃한다. 이 태아기름막은 대체 뭐지? 왜 안 닦아내는 거야? 이게 어디에 좋은 거야?

실제로 그렇다. 이 크림 같은 막은 인기 높은 연구 대상이어서 그사이 우리는 이 녀석에 대해 엄청나게 많은 사실을 알고 있다. 한마디로 요약하면 태아기름막은 보기엔 별로지만 아주 매력적이고 다재다능한 물질이다. 진정한 기적의 크림인 것이다.

이 기름막이 무엇으로 만들어지는지를 알고 싶은 사람에게 명칭은 크게 도움이 안 된다. 아이가 세상에 나올 때 온몸에 뒤집어쓰고 있는 이 왁스 같은 막은 단순한 기름이 아니기 때문이다. '치즈 칠'이라는 뜻의 전문용어 역시 마찬가지로 별 도

움이 안 된다. 그 막은 치즈, 즉 응고우유가 아니기 때문이다. 아마 옛날 사람들이 보기에는 신생아를 둘러싼 기름막이 치즈하고 비슷해서 그런 이름을 붙였던 모양이다. 치즈 생산에는 문외한인지라 추측에 불과하지만 말이다.

어쨌든 태아기름막이 무엇인지는 정확히 밝혀졌다. 이 막은 80%가 물이고 10%는 지방이며 10%는 단백질이다. 물론 두 가지 특수 첨가물도 계산에 넣어야 한다. 떨어져 나온 피부 세포와 아기 털, 더 정확하게 말하면 엄마 배 속에 있을 때부터 아기 피부에 솟아나는 솜털lanugo이다. 하지만 이렇게 태아기름막의 구성성분(물, 지방, 단백질)을 다 알고 나서도 그것이 특별하다는 생각은 들지 않는다. 이유는 우리가 '지방'과 '단백질'이라는 말을 일상에서 자주 쓰는 데다 그 말을 듣고서도 버터와 달걀 이상의 대단한 무언가를 떠올리지 못하기 때문이다. 하지만 학자들은 지방과 단백질을 다른 눈으로 본다. 이것들이 분자 차원에서는 생명 기능에 없어서는 안 될 너무나 중요하고 다양한 역할을 하는 물질이기 때문이다. 지방과 단백질은 연료로, 에너지 저장창고로, 신호수로, 건물의 비계로, 수송기계로 활약한다.

게다가 학계에선 단백질 대신 프로테인, 지방 대신 지질(정확히 따지면 지방은 지질의 하위범주이다), 즉 리피드라고 부른다. 프로테인과 리피드, 훨씬 더 그럴싸하지 않은가?

그런데 뭔가 말이 앞뒤가 안 맞는 것 같다고? 앞에서는 태아기름막의 구성성분을 정확히 알고 있다고 자랑해대더니 달랑 세 가지 물질—물, 지방, 단백질—만 설명하고는 입을 다물다니 말이다. 그렇다. 이건 정확한 것이 아니다. 부정확해도 너무너무 부정확하지만 여기선 이 정도면 충분할 것 같다. 물론 학자들은 기름막의 구성성분을 상세하게 밝혀냈다. 하지만 일반인들은 알아봤자 별 소용이 없는 것들이다. 가령 성분 목록을 살펴보면 우리도 익히 아는 이름 몇 개가 들어 있다. 지방인 콜레스테롤이나 아미노산인 아스파라긴과 글루타민 같은 것이다. 하지만 들어본 이름이라고 해도 그게 정확히 뭔지를 아는 사람은 별로 없을 것이다. (지금 눈썹을 치켜뜨고 이렇게 생각했는가? "아, 아스파라긴산!" 맞다. 바로 그거다.) 나머지 성분은—콜레스테롤에스테르에서 세라마이드를 거쳐 트리글리세라이드에 이르기까지—발음하기조차 어려운 이름들이다.

정작 내가 꼭 말하고 싶은 재미난 사실은 따로 있다. 태아기름막에 들어 있는 이 단백질 대부분이 지금껏 그 어디에서도 발견된 적이 없다는 사실이다. 실제로 태아기름막에만 들어 있는 성분인 것이다. 그러니까 분자 차원에서 보면 태아기름막은 진짜로 세상에 단 하나밖에 없는 물질들의 아주 특별한 혼합물인 셈이다.

이 기름막은 임신 후기 3개월 동안 만들어진다. 아기는 키가 약 30센티미터, 몸무게가 약 1킬로그램에 이르면 엄마 배속에서 발길질을 시작하고, 태동은 밖에서도 느낄 수 있다. 그 시기가 되면 아기 피부에 있는 특수 피지선이 기름막을 생산하기 시작한다. 그사이 우리는 그것이 (태어나자마자 엄마 아빠를 놀라게 하려는 목적만이 아니라) 충분한 이유가 있다는 사실을 알게 되었다. 왁스 같은 그 흰 막은 이제 막 세상으로 나온 아이가 이곳에서 적응하게끔 도와준다. 그러니까 자궁 속 삶에서 공기 속 삶으로의 (간단히 말해 안에서 밖으로의) 이사를 돕는 것이다.

태아가 엄마 배 속에서 헤엄치는 동안에는 이 기름막이 보호막 역할을 한다. 첫째로 기름막은 방수 기능이 있어서 아기 피부가 양수에 잠겨 있어도 짓무르지 않게 막아주고, 덕분에 아기는 제 기능을 다 하는 정상적인 피부를 발달시킬 수 있다. 둘째로 기름막은 수분 유지를 도와서 전해질 부족 현상을 막아준다. 즉 나트륨, 칼슘, 마그네슘, 염화물처럼 수분과 함께 몸에서 빠져나가는 중요한 물질의 결핍을 막아주는 것이다.

아기 피부의 기름막이 양수에서 피부가 짓무르는 것을 막아준다는 사실을 의학자들은 이렇게 쉽게 표현하지 않는다. 학술논문에선 "양막액의 침윤 작용으로부터의 보호"라고 쓴다. 하지만 말만 골치 아플 뿐이지 뜻은 같다. 양막액은 양수고 침윤은 무르게 한다는 말이니까.

피부 침윤은 우리도 다 경험해본 현상이다. 욕조에 오래 들어가 있으면 손가락 끝이 쪼글쪼글해지는 현상이 바로 침윤이다. 아기들은 어른보다 더 자주 이 침윤 현상과 맞서 싸워야 한다. 엉덩이(오줌)나 턱(침)처럼 종일 물에 젖어 있는 피부 부위가 많으니까 말이다.

또 학자들은 아기들이 엄마 배 속에서 자신의 기름막을 조금씩 먹기도 할 거라고 추측한다. 처음 들을 때는 "아이고 이를 어째!" 싶지만, 사실은 그것 역시도 자연의 영리한 계획 같다. 첫째로, 삼킨 기름막은 정상적인 장 기능 발달을 돕는다. 〈10장 왜 아기 똥은 색깔이 다채로울까?〉에서 상세하게 설명했듯 엄마 배 속 아기의 장은 아직 텅 비었고 아무 기능도 하지 못한다. 이 대장에 온갖 미생물이 터를 잡으면서 서서히 장의 다양한 활동도 시작된다. 그런데 그 미생물이 스스로 생겨날 수는 없는 노릇이니 어디선가 가져와야 한다. 바로 그 최초의 미생물 주민 일부가 자궁에 있을 때 기름막을 먹어서 생기는 것 같다. 둘째로, 그 기름막의 물질이 바깥세상의 생활을 준비해주는 것 같다. 기름막과 양수에서 발견되는 특정 프로테인은 모유에 든 몇몇 단백질과 유사하다. 학자들은 그것이 우연이 아니라고 보면서 아기가 모태 속에서 양수와 기름막을 먹어서 훗날의 영양 섭취 훈련을 미리 하는 것이라 추론한다.

기름막을 먹다니, 너무 비위생적이지 않을까? 그런 걱정이 들 수도 있겠지만 전혀 그렇지 않다. 그사이 우리가 알게 된 사실은 기름막이 매우 위생적이라는 것이다. 기름막에는 항박테리아 및 항미생물 작용물질이 들어 있어서 태어나기 오래전부터 아기를 감염질환으로부터 보호한다. 가령 자궁에서 배변을 해서 (앞에서 설명한) 태변이 양수에 둥둥 떠다니면 (듣기에도 비위생적이지만 실제로도 그렇다) 감염의 위험이 있을 수도 있으니 말이다.

분만 시에도 기름막은 중대한 역할을 한다. 아기가 좁은 산도로 밀려 나오다 보면 어쩔 수 없이 엄마의 생식기에 있던 온갖 박테리아와 접촉하게 된다. 이때도 항박테리아와 항미생물 작용을 하는 기름막이 감염을 막아주는 것이다.

아기의 기름막은 엄마에게도 유익하다. 첫째로 내부의 보호막 역할을 하므로 질의 감염을 막아준다. 둘째로 회음열상 (즉 아기의 큰 머리통이 상대적으로 좁은 질 입구를 통과하면서 발생하는 엄청난 신장력으로 인해 질과 항문 사이의 살이 찢어지는 일) 이 발생했을 때 회복을 돕는다.

여기서는 질이라고 말했지만 사실 그건 올바른 표현이 아니다. 일상에서도 보통 질이라고 표현하지만 정확히 말하면 외음부vulva라고 불러야 한다. 질은 안쪽에 있어서 바깥에서는 보이지 않는 여성의 성기를 말하지만, 외음부는 밖에서 보이는 부위를 일컫는다.

태아기름막의 놀라운 효과는 시험관 실험은 물론이고 (출산 시의 전형적 질환인) 회음열상과 (출산으로 인한 질환이 아닌) 발 궤양 환자를 기름막으로 치료한 실험에서도 확인되었다. 따라서 기름막은 피부병과 화상 상처 치료제로도 주목을 받고 있다. (그런데 그 사람들은 기름막을 어디서 구했을까? 태어나자마자 아기한테 최초의 선행으로 기름막을 기부하는 게 어떻겠냐고 물어본다면 아마 대부분의 엄마들이 버럭 화를 낼 것이다. 게다가 그건 아기한테도 꼭 필요한 물질이다. 그뿐 아니라 치료에 쓸 만큼 충분한 양을 구하기도 쉽지 않을 것이다. 의학자들도 진즉에 그 사실을 눈치채고서 인공 기름막 합성에 열과 성을 다하고 있다.)

그러니까 별 볼 일 없어 보이는 기름막이 하는 일은 엄청나게 많다. 태아기름막은 항미생물, 항박테리아, 상처 치료 작용을 하는 영리하고 매력적인 방어메커니즘이다. 그뿐만이 아니다. 너무 뻔해서 크게 놀랍거나 대단하게 생각되지는 않지만 기름막은 출산 시에도 엄청난 활약을 펼친다. 태아기름막은 말 그대로 피부에 바른 기름이다. 크림 같고 왁스 같다. 그렇다 보니 탁월한 효과를 지닌 자체 생산 윤활제이다. 아기는 이 기름을 온몸에 발라 미끈거리고, 덕분에 좁은 산도를 부드럽게 통과할 수 있다.

태아기름막은 출산 전과 출산 중에도 유익하지만 출산 후에도 중요한 역할을 한다. 아기가 세상에 태어났다고 해서 갑자기 기름막의 방어 기능이 멈추는 것이 아니기 때문이다. 바깥에서도 기름막은 항미생물, 항박테리아, 방수 기능을 유지하므로 건조를 막아 아기 피부를 부드럽고 매끈하게 유지한다.

"태아기름막이 피부의 건조를 막아 피부를 부드럽고 매끈하게 유지한다." 이건 화장품 광고에서 많이 들어본 말 아닌가? 자연히 이런 의문이 들 것이다. 피부를 그렇게나 부드럽게 유지해준다니 그렇다면 그 물질은 효과 좋은 비누가 아닌가? 적어도 피부트러블은 없을 테니 그것만 해도 꽤 괜찮은 조건일 것이다. 좀 뜬금없는 생각이긴 하지만 그렇다고 영 뜬금없는 것은 아니어서, 이미 태아기름막이 더러운 손을 얼마나 잘 씻어내는지를 알아본 실험이 있었다. 실험 결과를 보면 보통 우리가 손을 씻을 때 쓰는 물질, 가령 비누만큼 효과가 있다고 한다.

나아가 태아기름막은 절연체 기능을 해서 아기가 따뜻한 자궁에서 갑자기 추운 바깥세상에 나왔을 때 체온이 떨어지지 않도록 막아줄 수도 있을 것 같다. 하지만 이 지점은 아직 학자들 사이에서도 이견이 많다.

어쨌건 한 가지 사실만은 모두가 동의한다. 공기와 더불어

5 pH   5,5 pH   6 pH

사는 삶은 양수 안에서 사는 삶과는 완전히 달라서, 아기는 태어나자마자 달라진 상황에 적응하기 시작한다. 그 지점에서도 태아기름막은 아기에게 많은 도움이 된다. 아기 피부를 지원하여 산성 피부보호막acid mantle을 키우는 것 같기 때문이다. 인간의 피부는 특수한 성질이 있는데, 바로 약산성이라는 것이다. 다시 말해 산성도 즉 pH가 약 5.5로, 맥주와 우유의 중간이며, 덕분에 우리는 일부 세균 감염으로부터 보호를 받는다. 태어난 후 태아기름막이 피부를 싸고 있을 경우 신생아의 피부는 이 목표 pH 5.5에 더 빨리 도달한다.

산성 보호막은 인체의 영리한 특징이다. 우리 몸은 바깥쪽 피부는 약산성이고 안쪽 혈액은 약알칼리성이다. 병원균이 피부의 pH에 적응한 후 몸 안으로 들어가면 전혀 대비가 안 된 상태에서 갑자기 환경이 싹 바뀐다. 게다가 보호막에는 균을 죽이는 물질이 들어 있기 때문에 이래저래 우리 몸을 보호한다.

태아기름막은 보기 흉하고 (물론 아기는 전혀 개의치 않는 것 같지만) 만지면 촉감도 이상하지만, 중요한 생물학적 보호막이자 완벽한 피부보호제로 여겨진다. 따라서 조산사는 아기가 엄마 배 속에서 가지고 나온 피와 양수와 점액과 온갖 다른 것을 싹 다 씻어내면서도 기름막은 그대로 내버려둔다.

물론 늘 그랬던 건 아니다. 예전 사람들은 신생아를 잘 씻기고 말려야 자가 호흡을 한다고 믿었다. 하지만 '전미 신생아간호사협회'와 '여성 건강, 산과 및 신생아간호사협회'의 전문가들은 태아기름막을 닦아낼 이유가 없다고 본다. 그것이 항미생물 작용을 하고 상처 치유를 돕기에 위생적인 관점에서도 전혀 그럴 이유가 없다는 것이다. 세계보건기구 역시 출산 후 아기 피부의 태아기름막을 그대로 놔두라고 권고한다. 대부분은 출생 후 하루가 지나면 저절로 증발하거나 수축되어 사라지고 아무리 오래가더라도 1주일이면 남은 기름막마저 완전히 없어진다.

그런데 태어날 때 뒤집어쓰고 나오는 태아기름막이 두꺼운 아이들이 있는가 하면, 쪼글쪼글한 주름 사이로 몇 군데 흔적만 남은 아기들도 있다. 왜 이렇게 아기에 따라 기름막 두께가 다른 걸까? 전부 다 똑같은 것도 많은데 말이다. (가령 눈은 다 두 개밖에 없지 않은가.)

미국 오하이오주의 소아과 의사들이 몇 가지 원인을 찾아냈다. 첫째는 임신주수다. 아기가 자궁 속에 머문 기간이 길수록 태어날 때 몸에 두른 기름막이 많지 않다. 40주가 넘어서 밖으로 나온 아기는 보통 기름막이 적다. 양수에 오래 있으면서 기름막을 써버렸기 때문이다. 거꾸로 28주 전에 태어난 조산아들은 기름막을 만드는 세포가 아직 충분히 성장하지 못해서 역시 태어날 때 몸에 붙이고 나오는 기름막이 적거나 아예 없다.

분만 방식도 영향을 준다. 자연분만 아기들은 제왕절개로 낳은 아기들보다 기름막이 적다. 좁은 산도를 통과하느라 치이고 눌린 탓에 기름막 대부분이 떨어져 나갔기 때문이다. 나아가 오하이오 의사들은 남아보다는 여아가, 검은 피부보다는 흰 피부의 아기가, 태변을 양수에다 싸버린 아기보다는 태어나서 태변을 누는 아기가 기름막이 더 많다는 사실을 확인했다.

13장

아기는 젖 먹고 꼭 트림을 해야 할까?

아기의 식사시간은 예의 없이 끝난다. 배가 부른 아기가 젖에서 입을 떼면 엄마 아빠는 아기를 안아 어깨에다 올려놓고 등을 토닥토닥 두드린다. 한참을 토닥이다 보면 어느 순간 아기가 끄윽 하고 트림을 한다. 바로 이 시원한 트림이야말로 공식적인 식사 시간의 종료를 알리는 신호다.

아기 트림 소리는 의외로 크고 격해서 어디서 어른이 트림을 하나 싶지만 어른보다는 살짝 더 고음이어서 개구리 울음소리와 거의 바닥난 샴푸 통을 꽉 누르면 나는 소리를 오간다. 어떨 땐 너무 소리가 커서 아기가 저도 놀라 불안한 표정으로 빤히 쳐다본다. (물론 제아무리 큰 아기 트림 소리도 영국 남자 폴 훈Paul Hunn이 내는 소리에는 비할 바가 못 된다. 2009년 그는 109.9데시벨의 음량으로 트림을 해서 제일 큰 트림 소리로 세계기록 보유자가 되었다. 그가 세계기록을 올리는 장면을 찍은 영상도 있고 런던에서 행인들 앞에서 트림하는 영상도 있다. 재능은 각양각색이라지만, 폴 훈의 트림은 놀랍고도 역겹다.)

아기가 식사 후 내는 소리는 예의에 어긋나고 밥맛도 떨어뜨리지만, 아기는 워낙 작고 귀여우니까 그 걸걸한 트림마저 예쁘게 봐줄 수 있다.

대부분의 부모들은 트림을 재미있어한다. 하지만 걱정이 되어 고민에 빠지는 부모들도 적지 않다. 애가 거하게 트림을 하는데, 이게 정상일까? 사실 이런 의문은 타당하다. 그런 우악스러운 트림이 귀엽고 앙증맞은 아기하고는 도통 어울리지 않으니까 말이다. 그래서 인터넷 포럼에는 아기 트림 때문에 불안한 부모들의 글이 수없이 올라와 있다. "우리 아기가 계속 트림을 해요. 도와주세요!!!!"(느낌표가 네 개라니, 고민이 아주 심각해 보인다) "왜 우리 아기는 트림을 이렇게 많이 할까요?" "트림하고 나면 잠깐 구역질도 하는데 그럴 때면 오만가지 생각이 다 들어요" "아기는 온종일 트림한다????????????"(물음표가 열두 개나 되는 걸 보니 이분도 완전 확신하지는 못하는 것 같다) 하지만 반대로 아기가 트림을 하지 않아서 불안한 부모들도 있다. 가령 포럼에는 "레나가 트림을 안 하려고 해요"(아기 동화책 제목으로 삼으면 근사하지 않을까?) "안 해본 짓이 없어요" "완전 지쳤어요"(이건 육아서로 나쁘시 않은 제목일 것 같다) 같은 글 제목도 있다. 그런데 불안한 부모들에게 조언이랍시고 던진 대답들은 도움이 되는 경우가 드물다. 가령 어떤 엄마는 이렇게 썼다. "난 걱정 안 해요. 삼키는 것보다는 내뱉는 게 더 낫잖아요." 참 간편한 원칙이다 싶지만 전문가다운 과학적인 조언으로 들리지는 않는다.

그러니까 아기의 큰 트림 소리는 이래저래 걱정거리인 것 같다. 왜 아기는 그렇게 트림을 많이 할까? 트림을 안 하면 안 좋을까? 서둘러 이런 의문의 해답을 찾아 나서야 할 것 같다. 트림 걱정이 필요한 걸까? 아니면 괜한 걱정일까?

아기는—모유를 먹건 젖병으로 분유를 먹건—우리 어른처럼 음식을 먹는 게 아니라서 그냥 빨고 삼킨다. 그러다 보니 공기도 같이 삼키는 경우가 허다하다. 가령 배가 너무 고파서 허겁지겁 젖을 빨 때, 울다가 울음을 멈추지 않은 채로 젖을 빨 때, 머리를 너무 낮게 두어서 고개가 젖혀진 채로 젖을 빨 때 특히 공기를 많이 삼키며, 젖병을 빨 때는 항상 공기가 같이 입으로 들어가게 된다. 아기가 같이 들이마신 공기는 위장으로 들어가서 차곡차곡 쌓인다. 그래서 위장 제일 위쪽, 제일 꼭대기 지점인 둥근 천정에 기포가 형성된다. 이 기포는 밖에서는 당연히 보이지 않지만 X선 촬영을 하면 잘 보인다.

위장에선 가스가 생기지 않는다. 따라서 위장에서 발견되는 공기는 전부 입으로 삼킨 보통 공기이다. 특히 산소와 질소가 많다. 우리 어른들은 음식물을 한번 삼킬 때마다 약 15~20리터의 공기를 같이 삼키기 때문에 하루에 약 2.5리터의 공기가 위장에 쌓인다. 또 우리는 소장과 대장에서 소화를 시킬 때 가스—이산화탄소, 수소, 메탄, 황화수소—를 생산한다. 전체적으로 우리 배에서는 매일 총 25리터 정도의 가스가 생겨나지만 대부분은 그곳에서 다시 흡수되어 재사용된다. 그중 매일 1~2리터만 뒷문으로 우리 몸을 빠져나간다.

삼킨 공기는 다시 배출해야 한다. 부모들도 그렇게 생각하지만 특히 아이들이 배출의 필요성을 절감한다. 아기 위장이 공기 때문에 풍선처럼 부풀어 늘어나면 자동 프로그램이 시작된다. 공기를 도로 배출하기 위한 반사이다. 먼저 하부식도 괄약근이 일시적으로 이완된다. 다시 말해 잠깐 식도의 아래쪽 밸브가 열려서 위장 위쪽에 모여 있던 공기가 더 위쪽의 식도로 새어나갈 수 있게 되는 것이다.

일과성 하부식도 괄약근 이완transient lower esophageal sphincter relaxation을 줄여서 TLESR라 부른다. 발음하기가 편치 않지만 의사들은 별로 신경 쓰지 않을 것이다. 식도와 관련해서는 발음하기 훨씬 좋은 더 멋진 줄임말들이 많다. 위산이 식도로 도로 올라가는 위식도역류질환gastroesophageal reflux disease은 줄여서 GERD이고, 식도가 손상되지 않는 특수 형태의 비미란성 역류질환Non-erosive reflux disease은 줄여서 NERD이다.

아기가 위장 위쪽의 공기를 식도로 빼내면 타이밍을 맞춰 상부식도 괄약근이 열린다. 그리고 열린 괄약근에 딱 맞춰 적절한 리듬으로 식도가 수축되면서 공기는 아래에서 위로 밀려 올라간다. 이 모든 과정은 자동으로 진행되며 그 끝은 걸걸한 트림이다. 큰 소리가 나는 이유는 눌려 위장에서 빠져나온 공기가 좁은 식도의 입구를 통과하며 흐르기 때문이다.

후두를 제거한 사람들은 이렇게 식도 위쪽에서 흘러나온 공기가 내는 소리에 도움을 얻는다. 후두를 제거해서 말을 할 수 없지만 이 트림 소리를 대체 목소리로 활용할 수 있는 것이다. 공기를 삼켜 복근으로 눌러 다시 식도로 내보내면 상부식도 괄약근의 점막이 진동하면서 소리가 난다. 입천장, 혀, 입술을 이용하면 그것으로 다양한 소리를 만들 수 있다. 트림만큼이나 듣기가 썩 좋지는 않지만 아예 말을 못 하는 것보다는 훨씬 낫다. 전문가들은 이 기술을 '식도 음성'이라 부르지만 일반 사람들은 '트림 음성'이라 부르기도 한다.

트림은 완벽한 조화를 자랑하는 매력적인 신체 메커니즘이다. 공기를 삼키거나 탄산음료를 마셔서 가스로 인해 위가 부풀면 일련의 밸브들이 열리면서 가스가 위로 쉬익 빠져나간다. 그래야 하는 또 하나의 이유는 가스가 체내에 남아 있다가 소화기 더 안쪽으로 들어가서 기포가 되어 장을 통과하면 엄청난 통증을 일으킬 수 있기 때문이다. 특히 태어난 지 얼마 안 된 아기들은 위경련이 잦기 때문에 공기를 배출하는 트림이야말로 대환영이다. (위에 모인 가스가 밖으로 나가는 길은 여러 가지가 있다. 첫째는 뒷문으로 살짝 나가서 방귀가 되는 것이고 둘째로 혈관으로 넘어가서 폐를 통해 밖으로 나갈 수도 있다.)

유난히 트림이 잦은 사람 중에는 예의란 걸 모르는 인간도 많지만 하부식도 괄약근이 꽉 닫히지 않아서 위에 공기가 조금만 차도 밸브가 열리는 사람이 있다. 아기들 역시 트림을 많이 하는 아기가 있고 적게 하는 아기가 있지만 그건 예의(아기들은 아직 예의란 걸 모르니까)나 식도 조임새보다는 수유 방법에 달렸다. 모유를 먹는 아기들은 보통 젖병으로 우유를 먹는 아기들보다 트림을 적게 한다. 엄마 젖이 아기 입에 더 착 달라붙는 데다 젖병보다 젖이 더 고르게 흘러나오기 때문이다. 그러니까 엄마 젖이 아기 자동차에게 완벽한 주유소라는 건 트림만 보아도 알 수 있는 것이다.

이 자리를 빌려 트림을 자주 하는 분들에게 서비스로 재미난 에피소드 하나 소개한다. 트림도 장소에 따라 엄청나게 비싼 값을 치를 수 있으니 말이다. 2016년 2월 7일 오스트리아 빈의 한 술집 주인이 기차역에서 되네르케밥을 먹고 나서 크게 트림을 했다가 경찰관에게 고발당했다. 그 경찰관은 트림을 한 남자가 '빈주 질서유지법' 1조를 위반했다고 주장했다. 고발장에 적힌 근거는 이러하다. "2016년 2월 7일 빈 1020번지, 프라터슈테른 역 프라터 거리 방향 출구에서 다음과 같은 행위로 공공질서를 해쳤다. 즉 경찰관 바로 옆에서 큰 소리로 트림을 한 것이다." 술집 주인은 소장을 SNS에 올리면서 그렇게 된 연유를 첨부했다. 그가 되네르케밥을 "평소처럼 매운 소스와 양파를 넣어" 먹었는데 갑자기 "자제를 하지 못해" 그만 트림을 해버렸다고 말이다. 그 술집 주인에게 트림을 유발한 케밥을 파는 바람에 졸지에 빈의 신문 1면을 장식하게 된 터키식 패스트푸드 체인점 '카샵 되네르'는 벌금 70유로를 대신 내겠다고 했다. 하지만 사건은 불기소처분을 받았고 술집 주인은 빈 동물협회에 그 70유로를 기부할 예정이다.

신생아들이 트림을 자주 하는 이유는 공기를 삼키기 때문만은 아니다. 아기들의 위장이 상대적으로 작아서 공간이 협소하기 때문이기도 하다. 하지만 트림이 트림으로 끝나지 않고 마지막 식사의 일부가 함께 나오는 경우도 많아서 아기들

은 트림과 더불어 젖을 자주 토한다. (이런 문제는 우주비행사들도 익숙하다. 무중력 상태에선 지상과 달리 음식과 공기가 위장에서 잘 섞이지 않는다. 음식은 아래로 내려가고 공기는 위로 올라가야 하는데 둘이 뒤죽박죽 섞이는 것이다. 그래서 우주에서 트림을 하면 가스만 나오지 않고 가스와 액체 상태의 위장 내용물이 섞여 나올 수 있다.)

트림이 이유식을 동반하면 엄밀한 의미에서 더 이상 트림이 아니지만 일상용어에선 그것을 지칭하는 말이 따로 없다. 의학자들은 이런 현상을 역류reflux라고 부른다. 하지만 이 역시 걱정할 일은 아니다. 아기들은 아직 완성 상태가 아니어서 작고 연약하고 힘이 없다. 위장과 식도 사이의 괄약근도 아직 너무 약해서 제대로 꽉 닫히지 않는다. 그래서 아기들은 트림을 하건 안 하건 자주 젖을 토한다. 그러니 생후 몇 달 동안 자주 토하더라도, 그걸 태어나보니 도저히 못 살겠다는 아기의 선언으로 받아들일 것이 아니라 지극히 정상적인 현상으로 보아야 한다. 특히 조산아의 경우엔 온갖 것이 다 미숙하다. 그렇지 않은 건강한 신생아들 역시 70%는 시시때때로 먹은 것 일부를 다시 뱉어낸다.

　아기가 너무 자주 토하거든 젖을 먹인 후 바로 뉘지 말고 잠시 똑바로 세워 안고 있는 것이 좋다. 아기 머리 뒤에 베개를 받쳐서 머리를 높이면 먹은 것이 쉽게 입 밖으로 나오지 않는다. '독일 네트워크 건강정보협회'는 그 밖에도 여러 가지 도움 말을 준비해두었다. 그중에서 중요한 것을 몇 가지 골라보면 다음과 같다.

- 아기를 아기용 시트와 바운서에 뉘지 말아야 한다. 몸이 휘어서 위장이 눌린다.
- 기저귀를 너무 꽉 채우거나 조이는 바지를 입히지 말아야 한다. 배를 압박해 구토를 일으킨다.
- 젖은 거의 안 나올 때까지 빨린다. (그릇을 깨끗하게 비우는 것과 같다.) 젖이 나오지 않더라도 빨면 침이 생겨 소화를 돕는다.
- 젖병을 사용하는 경우 젖병 구멍이 너무 크지 않나 살펴야 한다. 구멍이 크면 아기가 급하게 젖을 빨 때 공기를 많이 마시게 된다. (다다익선이라는 말은 음식에는 통하지 않는다.)
- 울면 복부의 압력이 높아져서 구토가 일어난다. 아기가 진정되었을 때 젖을 물리는 것이 좋다.
- 아기 근처에서 담배를 피우면 안 된다. (당연히 그럴 부모는 없겠지만, 흡연은 구토 위험을 크게 높인다.)
- 젖을 먹이는 엄마는 커피를 마셔서는 안 된다. 카페인이 엄마 젖에 들어가서 아기한테로 전달되기 때문이다. (그럼 아기는 커피우유를 먹게 되는 셈이다.) 카페인은 하부식도

괄약근이 느슨해지게 한다.

그러니까 부모가 도와주면 어느 정도 구토를 줄일 수는 있겠지만 아기가 젖을 토하는 건 정상이고 흔한 일이다. 그래서 부모들 사이에선 아기를 트림시킬 때 옷을 보호하기 위해 세탁하기 쉬운 천을 어깨에 대는 것이 유행이다. 이름도 걸작이라서 이른바 트림 수건burp cloth이다.

독일에는 '토하는 아기가 건강한 아기다'라는 속담이 있다. 과연 이 속담이 맞을까? 속담과 격언에는 진리가 담겨 있을 때가 많지만 이 경우도 그럴까? 안타깝게도 간단명료한 대답은 불가능하다. 이 속담이 맞는지를 알아보려면 일단 속담이 뜻하는 바가 무엇인지를 알아야 하는데, 여기서 말하는 '토하는'이란 뭐고 '건강한'이란 또 뭘까?

신생아들은 젖을 먹고 나서 토하는 일이 잦지만 늦어도 생후 24개월이 지나면 이런 현상은 저절로 사라진다. 10개월만 되어도 토하는 아기는 5%밖에 안 된다. 그런 의미에서 본다면 이 속담은 옳다. 가끔 약간 토하는 아기는 아프지 않고 건강한 것이니까.

하지만 이제 어릴 때 자주 토했던 아기들이 그렇지 않은 아기들에 비해 나중에 학령기가 되어서도 속쓰림에 시달리고 신트림을 자주 한다는 사실이 밝혀졌다. 속쓰림과 신트림을 건강의 증표로 볼 사람은 없을 것이다. 속담에서 '토하는' 것을 이따금 조금 젖을 입 밖으로 내뱉는다는 뜻으로 해석하지 않고 격심한 구토를 건강한 성장의 증거라고 본다면, 그건 누가 봐도 틀린 해석일 것이다.

아기가 자주 심하게 구토를 한다면 반드시 병원에 가야 한다. 물론 정상적인 구토가 어디까지이고 어디부터가 질환인지를 금방 판단하기는 쉽지 않을 것이다. 특히 걱정 많은 젊은 부모들이라면 더욱 그럴 것이다. 아기의 토사물은 실제보다 좀 많아 보이는 게 사실이니까 말이다. 이런 이유에서 전문잡지 《위장학자*Der Gastroenterologe*》에 기고한 전문가들은 '토하는 아기가 건강한 아기다'라는 통념이 이 시대에는 맞지 않는다고 주장하면서 이 분야를 전문으로 보는 소아과 의사가 있으니 아기가 토하거든 의사를 찾아가라고 조언한다.

하지만 걱정 많은 부모들에게 나는 안심하라고 말하고 싶다. 아기가 가끔 젖을 토해서 엄마 아빠의 스웨터에 자국을 남기는 건 지극히 정상이다. 아이가 자주 트림을 하는 것도 지극히 정상이니 걱정하지 않아도 된다.

트림과 관련하여 부모의 걱정은 또 있다. 아기가 젖을 먹고 트림을 하지 않으면 어떻게 해야 하나? 트림을 꼭 시켜야 할까? 소화기에 공기가 차면 통증이 생긴다. 어떻게 해야 트림을 잘 시킬 수 있을까? 이 문제에도 조언은 모자라지 않아서 다른 부모들, 조산사, 친구, 친척, 육아서와 인터넷을 가리지 않고 어디서나 아기 트림 시키는 법이 넘쳐난다.

가령 미국에 사는 아기 엄마이자 블로거이자 작가인 마마 내추럴Mama Natural(예상했겠지만 이건 그녀의 진짜 이름이 아니다. 실명은 제너비브 하우랜드Genevieve Howland이다)은 13가지 방법을 열거했다. 그렇게까지 많은 기술이 필요한 사람이 몇이나 될까 싶지만, 절망에 몸부림치면서 안타까운 심정을 표현하기 위해 인터넷에 그렇게나 많은 물음표와 느낌표를 쳐대던 사람들을 떠올려보면 트림에 대한 조언의 수요도 엄청나리라 짐작된다.

마마 내추럴의 목록에는 "아기를 어깨에 올리고 등을 토닥인다"와 "아기를 무릎에 엎어서 등을 토닥인다" 같은 클래식한 비법도 포함되지만 '할머니 트림법'처럼 기나긴 사용설명서를 곁들인 방법도 들어 있다. "아기를 무릎에 앉히고 손바닥으로 배를 누르고 손가락으로 아기 턱을 잡아서 머리를 지탱하고 엄지와 검지로 아기 등을 쓸어내린다." (고맙게도 내추럴 씨는 연신 아기라는 말을 언급한다. 안 그랬으면 할머니 트림법을 할머니를 트림시키는 법으로 착각하는 사태가 발생할 수도 있을 것이다.) '댄스 트림법' 역시 긴 설명이 붙어 있다. 아기를 무릎에 앉히고 양손으로 몸통을 단단히 붙든 다음 상체를 리드미컬하게 왼쪽에서 오른쪽으로, 오른쪽에서 왼쪽으로 움직이면서 무릎으로 아기를 살짝 들썩인다. 잠을 못 자서 지친 데다 우는 아기 때문에 스트레스를 너무 받아서 읽어도 무슨 말인지 모르겠고 따라 하지도 못하겠다는 부모들을 위해 마지막으로 간단한 방법이 하나 더 있다. 아기를 앞으로 돌려 똑바로 세운 후 아기 띠나 슬링으로 맨다. 이렇게 하면 다른 일도 할 수 있고 산책도 갈 수 있다. "굳이 말할 필요 없는 것"에서부터 요가 수준의 고난도 방법에 이르기까지 이렇게나 방법이 많은데, 제아무리 고집 센 녀석이라도 트림을 하지 않고 배기겠는가?

하긴 요가 동작이 필요 없는 초간단 방법이 있기는 하다. 아기 등을 두드리거나 무릎을 흔들며 아기를 까부르고 싶지 않다면, 그냥 알약을 먹이면 된다. 알약이 소화기에 들어가서 기포를 터트

식도

공기

모유

위장

려 소화기 질환을 예방하거나 완화한다. 미국에서는 이런 알약을 말 그대로 가스제거제antigas drops / gas relief drops라고 부르고, 독일에서도 다양한 상품명으로 시중에 나와 있다. 약에는 시메티콘이라는 작용물질이 들어 있는데, 그것이 기포의 표면장력을 줄여 아기 배 속에서 만들어진 기포를 터트린다. 터진 기포는 아주 자연스러운 방법으로 배 속을 떠난다. 즉 조용히 남몰래 장벽으로 흡수되거나 주변 사람들에게도 잘 들리게끔 요란하게 대장 출구를 통해 밖으로 나간다.

그러니까 아기의 트림을 도와주고 싶다면 방법은 아주 많다. 하지만 굳이 그럴 필요가 있을까? 아기는 젖을 먹은 후에 꼭 트림을 해야 할까? 그냥 하고 싶으면 하고 하기 싫으면 말게 내버려두면 안 될까? 인도 의사인 바브네트 바르티Bhavneet Bharti는 이런 의문이 들었다. 젖을 먹일 때마다 트림을 시키는 것이 너무 고단하다고 여겨 부모들에게 물어보았더니 밤이면 밤마다 트림 때문에 몇 시간씩 아기 등을 두드리느라 너무 지친다는 하소연이 돌아왔다. 그래서 그녀는 트림이 꼭 필요한지, 꼭 필요하지는 않아도 적어도 중요하기는 한지 그 과학적 증거를 찾아 나섰다. 미국 소아과 의사들의 단체인 '미국 소아과학회'는 트림을 시키라고 권고했지만 그녀는 그럴 만한 과학적인 근거가 없다고 보았다. 그래서 71명의 엄마에게 설문조사를 실시했다. 그 결과, 젖을 먹이고 나서 트림을 시키는 것이 일반적인 듯하지만 그것이 소화기 질환을 예방하거나 줄이는 것 같지는 않았다. 트림을 시킨 아기도 그렇지 않은 아기와 똑같이 자주 울었기 때문이다. 게다가 트림을 시킨 아기는 토하는 횟수가 두 배로 많았다.

하지만 전문가들은 그녀의 연구 결과는 트림이 위장병 예방에 도움이 되는가 하는 질문에 확실한 대답일 수 없다고 주장한다. 설문조사는 인도에서 실시되었고 다른 나라들의 사정은 다를 수 있다. 그러므로 그 결과를 단순히 다른 나라들에 적용해서는 안 될 것이다. 또 그녀의 연구는 블라인드 테스트가 아니라서 그릇된 결과가 나왔을 수 있다. 참가한 엄마들은 자기 아기가 트림 집단인지 비트림 집단인지를 사전에 알았다. 따라서 그것이 의식적이건 무의식적이건 연구 결과에 영향을 미쳤을 것이다. 나아가 이 연구는 엄마들의 진술에만 의존했기 때문에 엄마들의 기억이 틀렸을 수도 있다. 어쨌거나 바브네트 바르티가 직접 아기들의 실제 트림 횟수와 우는 횟수를 센 게 아니었으니 말이다. 또한 조사 대상은 71명의 엄마와 그들의 아기뿐이었다. 이 모든 정황이 연구의 설득력을 떨어뜨린다.

그러니까 아기에게 젖을 먹인 후 트림을 시키는 전 세계인의 전통이 올바른 것이고 어느 지역에서든 트림은 유익한 것일 수도 있다. 자고로 전통이란 대부분 다 그럴 만한 이유가 있는 법인데, 인도의 연구 결과에선 그 이유가 드러나지 않았을 수 있다. 부모가 아기의 등을 토닥이며 뭔가 아기에게 좋은 일을 해주고 있다는 기분이 든다면, 과학의 입장에서 그러지 말라고 말릴 이유가 없다. 다만 부모는 이런저런 토사물이 뒤따르는 것을 각오해야 할 것이다. 어쨌거나 바브네트 바르티도 젖을 먹일 때마다 의례처럼 트림을 시키는 것은 문제가 있을 수 있어도 가끔 시키는 트림은 문제 될 것이 없다고 강조했으니 말이다.

14장

엄마 아빠의 침이
살균 소독에
효과가 있다고?

아기가 태어난 후 나는 구역질을 잊었다. 아니, 잊었다고 생각했다. 그런데 그렇지 않았다. 아기가 내 인생에 선사한 온갖 신체 분비물을 매일같이 마주하며 강하게 단련되었음에도 여전히 혐오스러운 것이 몇 가지 있으니 말이다. 그중 하나를 놀이터, 전철, 시내에서 자주 목격하는데, 그럴 때마다 온몸에 오싹 소름이 돋는다. 아기가 고무젖꼭지를 푸 하고 뱉는다. 고무젖꼭지가 땅에 떨어진다. 구두와 개와 비둘기, 씹다 버린 껌과 밟혀 납작해진 담배꽁초, 진창과 자갈돌과 먼지 사이 어딘가로. 그럼 엄마가 허리를 굽혀 그걸 집어 올린 다음 아기에게 돌려주기 전에 자기 입에 넣어 핥는다. 그럴 때마다 나는 몸서리가 쳐진다. 아기가 빨다가 땅에 떨어뜨린 고무젖꼭지를 핥는다는 생각은 한 번도 해본 적이 없었다. 물론 땅에 떨어진 젖꼭지를 아기한테 다시 물리려면 먼저 닦아야 할 것이고, 옆에 수도꼭지가 없다면 뭔가 멋진 아이디어를 내야 할 것이다. 그래도 젖꼭지를 자기 침으로 닦겠다는 건 상당히 혐오스러운 발상일뿐더러 옳지 않다는 기분도 든다.

하지만 나와 생각이 다른 부모들이 적지 않다. 그들은 부모가 침으로 닦은 젖꼭지가 아기의 면역력을 키우기 때문에 고무젖꼭지를 부모가 핥아주는 것이 아기에게 유익하다고 생각한다. 듣기엔 좀 혐오스럽지만 맞을지도 모르잖는가. 아주 턱없는 소리는 아닌 것 같다. 사실 우리 몸은 질병 예방을 위해 온갖 영리한 메커니즘을 구비하고 있으니 말이다. 그러니까 부모의 침도 그중 하나인 걸까? 앞으로는 나도 혐오감을 무릅쓰고 우리 딸의 면역력 강화를 위해 고무젖꼭지를 핥아야 하는 걸까?

실제로 그럴 수 있다고 주장하는 과학적 이론이 하나 있다. 바로 위생가설hygiene hypothesis이다. 과학자들은 이 가설을 이용해 몇 가지 매력적인 현상을 설명한다. 가령 도시에 사는 사람들이 알레르기 질환을 더 많이 앓는다는 사실이 확인되었다. 또 농촌에서 자라서 가축우리에서 자주 노는 아이들이 도시에 사는 아이들보다 천식과 감기에 덜 걸린다는 사실도 밝혀졌다. 더 나아가 형제가 많은 아이보다 외동이 알레르기 질환을 더 많이 앓는다는 사실도 알려졌다.

이 모든 매력적인 현상의 이유는 오물일 수 있다. 어쩌면 우리의 면역체계가 잘 발달하기 위해서는 약간의 더러움이 필요한지도 모른다. 이것이 위생가설의 아이디어이다. 면역체계는 가축우리에서 왔건 더러운 형제한테서 왔건 진흙과 먼지와 세균, 바이러스, 곰팡이, 벌레를 자주 만나면 이 온갖 기생충과 미생물을 통해 훈련된다. 반대로 주변 환경이 너무 깨끗하거나 심지어 과하게 위생적일 경우 면역체계가 활성화되는 데 필요한 자극이 부족해진다. 그래서 실제로 가동이 덜 되다

가 갑자기 미쳐 날뛰며 알레르기 반응을 보인다. 이것이 '독일 건강과 환경 연구센터' 전문가들의 설명이다.

아기 고무젖꼭지를 핥는 순간 부모의 머리에도 이런 위생 가설과 비슷한 생각이 스칠 것이다. 이들은 남의 세균(그러니까 자기의 세균)이 아기의 면역체계를 훈련시켜 알레르기 질환을 막아준다고 믿는다. 정말 그럴까? 굳이 농촌으로 데리고 가지 않아도 엄마 침만 발라 건네주면 아이의 면역체계가 튼튼해질까?

방금 두 가지 생각이 들었다. 첫째, 위생가설이 맞아서 오물과 미생물이 아기의 면역체계를 실제로 활성화한다면 뭐 하러 땅에 떨어진 고무젖꼭지를 굳이 한 번 더 핥을까? 땅에 떨어지면 이미 그 자체로 더러워서 너무너무 건강에 유익할 텐데 그 몸에 좋다는 오물을 왜 핥아서 닦아낸단 말인가? 둘째, 자기 침이 아기한테 좋다고 생각한다면 굳이 고무젖꼭지가 땅에 떨어질 때까지 기다릴 이유가 무엇인가? 그냥 시도 때도 없이 아기를 핥아주면 될 것이다. 상당히 흥미로운 의문이지만 쓸데없이 분위기를 과열시키고 싶지 않으니 이쯤에서 넘어가기로 하자.

세균은 근본적으로 나쁜 놈은 아니다. 심지어 우리랑 함께 살면서 우리를 찰떡같이 이해하는 녀석들도 아주 많다. 우리는 피부에, 폐에, 장에, 입에, 다른 수많은 부위에 세균들을 데리고 다닌다. 한마디로 엄청나게 많은 양의 세균이 우리 몸에 터를 잡고 사는 것이다. 세포 숫자만 세어도 결과는 어마어마하다. 우리는 몸속 세포와 거의 같은 숫자의 박테리아 세포를 데리고 다닌다. 그러니까 정확히 따진다면 인체의 세포만 세어서는 우리의 50%만 세는 셈인 것이다.

우리가 품고 다니는 세균은 우리의 기능을 돕는다. 하지만 인간과 미생물의 그 매력적이고 복잡한 공생이 정확히 어떻게 진행되며, 어떤 미생물이 얼마만큼의 양으로 우리 몸의 어떤 곳에서 정확히 무슨 일을 하는지는 아직 밝혀내지 못했다. 농촌의 더러운 환경이 아동의 면역체계를 강화하는 것 같지만, 그 말이 엄마의 침도 같은 작용을 한다는 뜻은 아니다. 위생가설은 그럴 듯하다는 생각이 들 수는 있어도 실제로 그러리라고 장담하지는 못하는 이론이다. 말 그대로 가설, 즉 추측에 불과하다.

따라서 엄마 아빠가 아기 고무젖꼭지를 핥으면 아이에게 무슨 일이 일어날 수 있을지도 매우 구체적으로 연구해야 한다. 스웨덴의 학자들이 바로 그 일을 해냈다. 약 180명의 신생아 부모들에게 고무젖꼭지를 어떻게 다루는지 물은 다음 아기의 침을 분석했다. 그러고 나서 1년 6개월 후에 한 번, 3년 후에 다시 한 번 그 아이에게서 알레르기 증상, 즉 아토피나

천식이 나타나는지를 살폈다.

이 연구로 부모의 3분의 1이 실제로 고무젖꼭지를 핥아준 다는 사실이 밝혀졌다. 나아가 이 경우 아기의 입속에는 그러지 않는 부모의 아기 입속과 다른 박테리아들이 살고 있었다. 부모가 고무젖꼭지를 빠는 경우 아기 입속에 사는 박테리아 군집도 달라지는 것이다. 하지만 그게 어떤 결과를 낳는 걸까?

스웨덴 학자들은 부모가 고무젖꼭지를 핥은 경우 그렇지 않은 경우보다 아기의 알레르기 질환 빈도가 낮다는 사실을 발견했다. 그러니까 이 연구가 고무젖꼭지를 핥는 부모들의 손을 들어준 것 같다. 하지만 연구 결과를 읽을 때는 보험 계약서를 읽을 때처럼 잔글씨까지 잘 살펴야 한다. 이 경우 잔글씨를 읽어보면 스웨덴의 연구는 기껏해야 단서 제공 수준이며, 그 결과에서 실제로 부모가 고무젖꼭지를 입에 넣으면 아기의 알레르기를 예방한다는 결론을 끌어낼 수 없다는 사실을 알게 된다. 첫째로 스웨덴 학자들이 조사한 아동의 숫자가 일반화하기에는 너무 적다. 둘째로 알레르기의 주요 위험요인들을 고려하지 않았다. 예컨대 아기의 모유 수유 여부, 부모의 알레르기 질환 여부 등을 고려하지 않은 것이다. 따라서 안타깝지만 그들이 관찰한 알레르기 위험요인의 감소가 실제로 고무젖꼭지를 입에 넣었기 때문인지를 확실히 말할 수 없다. 전혀 다른 원인 때문일 수도 있는 것이다.

2018년에 와서 또 한 번 학자들이 고무젖꼭지에 관심을 가졌다. 이번에는 미국 디트로이트의 연구팀이었다. 학자들은 엄마들에게 고무젖꼭지를 이렇게 닦느냐고 물었다. 대부분이 물과 세정제를 쓴다고 대답했고 살균 소독한다는 엄마도 있었지만 입에 넣어 빠는다는 엄마도 몇 명 있었다. 학자들은 아기의 혈액에 얼마나 많은 면역글로불린, 즉 알레르기와 천식을 일으키는 항체가 있는지 조사했다. 실제로 엄마가 고무젖꼭지를 입에 넣는 아기들에게 항체가 적었다. 하지만 고무젖꼭지를 핥는 엄마들이 무조건 기뻐할 일은 아니다. 이 연구 결과 역시 설득력이 없기 때문이다. 아기들에게 항체가 적은 것이 고무젖꼭지 때문인지 아니면 전혀 다른 이유가 있는지를 알수가 없다. 또 이 연구 역시 조사 대상 아기의 숫자가 너무 적었다.

그러므로 현재 학계는 고무젖꼭지 문제에 만족할 만한 대답을 제공하지 못한다. 연구 결과들이 고무젖꼭지를 어른이 핥는 경우 알레르기 위험을 낮출 수 있다고 언급하긴 했지만 실제로는 전혀 다를 수도 있기 때문이다. 확실한 결과를 알아내려면 알레르기와 입에 넣은 고무젖꼭지가 어떤 관련이 있는지를 앞으로 더 연구해야 할 것이다. 디트로이트의 학자들은 정직하게 연구 결과 보고서에 이 점을 명시했다. 모든 증거가 고무젖꼭지 핥기를 찬성하지는 않는다. 따라서 아기에게 우리 입속에 사는 건강한 박테리아를 선사하기 전에, 그로 인해 아기 입속에 없던 병원균이 따라 들어갈 수도 있다는 점을 명심해야 한다. 가령 감기 바이러스나 헤르페스 바이러스 같은 병원균 말이다. '독일 치과의사협회 충치예방정보센터'가 경고하듯 헤르페스 바이러스는 성인들에겐 좀 성가신 질병 정도지만 신생아에겐 생명을 위태롭게 할 수 있다.

충치 이야기가 나왔으니 하는 말이지만, 충치가 뭘까? 고무젖꼭지를 입에 넣었다가 아기 입에 다시 물리면 어른의 충치가 아기에게 전염될까? 이 문제 역시 학자들의 의견이 엇갈린다. 침을 통해 충치가 전염될 수 있는지는 아직 정확히 밝혀지지 않았다. 적어도 '독일 예방치의학 협회' 회장은 2018년 한 기사에서 전염되지 않는다고 주장했다.

잠시 고무젖꼭지 핥기를 떠나 다른 이야기를 좀 해볼까 한다. 젖꼭지를 입에 넣든 안 넣든 젖꼭지를 세척해야 한다는 점에선 모든 부모의 의견이 같을 것이다. 땅에 떨어지지 않았어도 젖꼭지는 온종일 아기 혓바닥에 시달리고 침범벅이라, 한마디로 세균으로 목욕을 한 상태다. 거기다 쾌적하고 따뜻한 체온이 곁들여지니 세균이 터를 잡고 번성하기에 이보다 더 좋은 조건이 없다. 그래서 소독하지 않은 고무젖꼭지는 세균과 곰팡이의 미생물막으로 둘러싸이게 된다.

남아프리카공화국의 학자들이 어떻게 하면 이 미생물막을

잘 제거할 수 있을지 알아보고자 고무젖꼭지에 미생물을 도포한 다음 세척하고 검사했다. 한쪽 36개의 고무젖꼭지에는 우리 침에 들어 있는 연쇄상구균속의 한 종인 충치균 스트렙토코쿠스 뮤탄스를 발랐고, 다른 쪽 36개의 젖꼭지에는 우리 입과 목구멍에서 사는 곰팡이균 칸디다 알비칸스를 발랐다. 그리고 이 양쪽 고무젖꼭지를 각각 3분의 1은 멸균증류수로, 3분의 1은 무알코올 구강세정제로 씻었으며, 나머지 3분의 1은 전자레인지에 넣고 돌렸다.

그리고 마지막으로 이 세 가지 방법을 비교했다. 곰팡이균은 전자레인지가 구강세정제보다 더 많이 제거했고, 세균의 경우엔 전자레인지와 구강세정제가 똑같이 좋은 효과를 발휘했다. 예상대로 물은 효과가 훨씬 떨어져서 세균도 곰팡이균도 제대로 제거하지 못했다. 하지만 다른 실험에선 고무젖꼭지를 삶는 것도 세균을 제거하는 좋은 방법이라는 결과가 나왔다.

브라질 학자들도 비슷한 실험을 실시했는데 고무젖꼭지와 함께 추가로 칫솔도 살펴보았다. 그랬더니 구강세정제와 전자레인지는 칫솔 살균에도 효과가 좋았다. 적어도 침 속 박테리아인 스트렙토코쿠스 뮤탄스는 잘 제거했다.

고무젖꼭지는 아이들뿐 아니라 학자들도 참 좋아하는 물건이다. 고무젖꼭지가 이런저런 질문을 던지기 때문이다. 예컨대, 고무젖꼭지가 언어학습을 방해할까? 사실 말을 한다는 건 복잡한 과정이다. 후두와 혀와 입술을 정교하게 움직여야 하고 이것들이 완벽한 조화를 이루어 올바른 소리를 올바르게 결합해야만 말이 된다. 그러니 말을 배우자면 몇 달 동안 잘 듣고 시도해보고 비교했다가 다시 시도해야 할 것이고, 그 여정은 참으로 고단할 것이다. 가뜩이나 복잡한 과정인데 입에 고무를 물고 웅얼거린다면 과연 제대로 마칠 수 있을까?

2018년 오스트레일리아와 영국의 학자들은 아기들이 즐겨 빠는 것(엄마 젖꼭지, 고무젖꼭지, 젖병, 엄지손가락)이 언어학습에 어떤 영향을 미치는지 알아보려 했다. 이를 위해 199명의 미취학 아동을 대상으로 말을 어떻게 하는지 평가했고, 이 아동의 부모들에게 아동의 빠는 습관에 대해 물었다. 조사 결과 대부분의 아이들이 생후 1년이 넘도록 무엇이든 빨았다. (3분의 1은 그때까지도 젖을 먹었고, 4분의 3에 가까운 아이들이 그때까지 젖병으로 식사를 했으며, 역시나 4분의 3은 추가로 고무젖꼭지를 빨았다.) 하지만 빠는 습관과 특정 언어장애의 연관성은 찾아내지 못했다. 그러니까 고무젖꼭지가 언어학습에 방해가 되는 것은 아닌 듯하다.

이 학자들이 조사한 언어장애는 음운장애phonological disorder였다. 음운장애란 각 음은 기술적으로 문제없이 발음하지만, 그것을 올바르게 결합하거나 단어를 말할 때 발음기관의 정확한 위치에서 소리내지 못하는 문제를 말한다. 따라서 개별 음을 발음하는 데 어려움을 겪는 조음장애 같은 다른 언어장애는 추가 연구가 필요하다고 밝혔다.

또 고무젖꼭지는 수면에도 영향을 미치지 않는다. 2018년에 실시한 브라질 의사들의 연구 결과이다. 이들은 생후 5~13개월 아기를 둔 157명의 어머니를 선별해 아기가 얼마나 잘 자는지를 간략한 수면 설문지에 체크하도록 하는 조사를 실시했다. 결과를 보면 고무젖꼭지를 빠는 아기와 그렇지 않은 아기가 수면의 질에서 유의미한 차이를 보이지 않았다. 그러니까 아기가 고무젖꼭지를 이용하든 그렇지 않든 수면 문제에선 차이가 없는 것 같다.

하지만 고무젖꼭지가 안정 작용을 하는 것은 맞다. 빨기는 인간의 타고난 행동으로, 내면 저 깊은 곳에 자리한 항불안 대책이다. 심지어 엄마 배 속에서부터 자기 손가락을 빠는 아기들도 적지 않다. 그러니 빨기는 지극히 자연스럽고 자생적인 안정 조치이며, 이를 위해 고무젖꼭지를 택하는 건 엄지손가락을 빠는 것보다 적어도 치아를 위해선 훨씬 바람직한 선택일 것이다.

　한편 세계보건기구의 전문가들은 이 문제와 관련해 분명한 대답을 던진다. 2009년에 발표한 '성공적인 수유의 열 걸음'을 보면 그들은 수유하는 아기에게 고무젖꼭지나 다른 인공 물건을 빨게 하지 말라고 권유한다. 그들이 우려하는 시나리오는 다음과 같다. 불안해하거나 우는 아기를 달래려고 엄마 젖을 먹이지 않고 고무젖꼭지를 주면 아기가 엄마 젖을 점점 더 빨지 않게 될 것이고 그럼 엄마 젖이 줄어들 것이며, 그로 인해 다시금 아기의 수유기간이 더 짧아질 것이다. 많은 전문가가 모유야말로 생후 6개월 동안 완벽한 영양을 제공한다고 주장한다. 그런데 고무젖꼭지 때문에 아이가 이 완벽한 영양을 필요한 만큼 취하지 못한다면 어쩌겠는가? 정말로 고무젖꼭지는 때 이른 수유 중단을 불러올까? 만일 그렇다면 큰일이다. 그래서 학자들이 진실을 찾아 나섰다. 아기한테 고무젖꼭지를 주면 정말로 수유기간이 짧아질까?

　1300여 명의 신생아 자료를 분석한 말레이시아의 연구 결과는 생후 4개월 동안 고무젖꼭지가 수유에 아무런 영향을 미치지 않는다고 주장한다. 미국의 학자들 역시 2009년에 고무젖꼭지 문제를 다룬 전문잡지 기고문들을 살핀 후 같은 결론을 내렸다. 이들은 1950년부터 2006년 8월까지 발표된 학술 논문들을 조사하여 그중 상당수는 버리고 중요하고 진지한 연구 결과만을 선별했다. 이 글들을 요약해보면, 아기의 수유기간은 고무젖꼭지와 아무 상관이 없는 것 같다. 고무젖꼭지를 빠는 아기의 수유기간이 더 짧다는 보고가 있기는 하지만 그 자료만 보고서는 그것이 고무젖꼭지 때문인지를 명확히 알 수 없다. 가령 엄마가 수유 문제를 겪었을 수도 있고 아기가 그냥 일찍 젖을 끊고 싶었을 수도 있다. 그래서 전문가들도 아직 수유와 고무젖꼭지의 관련성을 명확히 알지 못하므로 이 흥미로운 주제를 계속 더 연구하라고 권유한다.

고무젖꼭지를 둘러싼 다른 문제들도 아직 명확한 대답이 나오지 않은 경우가 많다. 그중 하나가 유아돌연사다. 신생아가 갑자기 사망한다. 전조도 없었고 나중에 사인도 밝힐 수 없다. 질환이 있었던 것도 아니며 기형이었던 것도 아니고 부상을 입거나 중독된 것도 아니며 익사하거나 질식한 것도 아니고 전기충격을 받은 적도, 체온이 떨어진 적도 없다. 그런데도 숨이 끊긴다. 선진국에서 유아돌연사는 생후 4주를 넘긴 신생아의 사망 원인 중에서 매우 높은 순위를 차지한다. 가령 독일에서는 2015년 127명의 아동이 돌연사했다. 아무 이유도 없이 그냥 사망한 것이다.

돌연사는 의학자들에게 수수께끼를 안긴다. 어쨌든 그사이 유아돌연사와 빈번하게 관련된 몇 가지 정황이 드러났다. 가령 아기를 엎드려 자게 하거나, 출산 시 아기 체중이 평균에 못 미치거나, 아기가 혼자 자거나, 부모가 담배를 피우거나, 엄마가 마약을 하는 등이다. 반대로 돌연사가 드문 정황도 밝혀냈는데, 그중 하나가 고무젖꼭지를 빠는 경우다. 고무젖꼭지를 빠는 아기의 돌연사 비율이 낮다는 건 많은 연구를 통해 밝혀진 사실이다. 따라서 2005년 미국 소아과학회의 소아과 의사들은 돌연사 예방을 위해 아기에게 고무젖꼭지를 주라고 권고했다.

누구 말을 들어야 할까? 미국 소아과 의사들은 고무젖꼭지를 주라고 하고 세계보건기구는 주지 말라고 한다. 헷갈리는 사람은 우리만이 아니어서 학자, 의사, 간호사들도 누구 말을 들어야 할지 고민이다. 고무젖꼭지는 돌연사를 예방하니 좋은 것인가? 유두혼동nipple confusion을 일으켜 엄마 젖 빨기를 거부하는 경우 모유 수유를 방해하니 나쁜 것인가?

2015년 미국 보스턴의 학자들이 이 문제 해명에 팔을 걷어붙였다. 유두혼동을 주제로 한 연구 논문들을 수집하여 조사한 것이다. 그랬더니 실제로 신생아들에게 그런 혼란을 유발할 수 있다고 입증한 연구 결과들이 발견되었다. 아기들한테 엄마 젖보다 먼저 우유병을 빨게 하면 아이들이 엄마 젖을 빨지 않을 수 있다는 것이다. 하지만 고무젖꼭지 문제에선 결과가 달라서, 고무젖꼭지를 빠는 아기와 그렇지 않은 아이 모두 모유 수유에서 전혀 차이점이 없었다. 따라서 보스턴의 학자들은 젖병 수유는 모유 수유 문제와 연관성이 있지만 고무젖꼭지는 그렇지 않다는 결론을 내렸다.

("연관성"이 있다는) 조심스러운 표현에서 미리 눈치챘겠지만 이 경우도 상황은 상당히 복잡하다. 연구를 통해 '아기가 젖병으로 젖을 먹는다'와 '아기가 모유를 먹으려고 하지 않는다'는 두 정황의 연관성을 인식할 수는 있지만 한쪽이 다른 한쪽의 원인인지는 알 수 없기 때문이다. 바로 여기서 고민이 발생한다. 유두혼란은 오직 젖병 탓일까? 아니면 모유 수유에 생긴 문제로 인한 부수현상에 불과한 것일까? 아직 질문의 해답은 나오지 못했다. 대답을 찾자면 아기가 젖병을 빨 때 어떤 결과가 생기는지를 정확히 살펴야 할 것이다. 고무젖꼭지와 젖병의 젖꼭지가 차이가 날까? 대체 유두혼란은 왜 생기는 걸까? 질문이 꼬리를 물고 이어진다.

이 온갖 의학 연구 결과와 복잡한 연관성과 풀리지 않은 문제들을 보며 머리가 지끈거린다면, 너무 걱정하지 마라. 학문이라고 해서 전부 다 엄청나게 복잡하고 불확실한 것은 아니다. 현실적으로 접근하는 경우도 많다. 가령 전문지 《소아과학 & 아동 건강*Paediatrics & Child Health*》에 실린 한 논문은 고무젖꼭지의 장단점을 쭉 열거해놓았다.

학술지 《소아과학 & 아동건강*Paediatrics & Child Health*》을 《소아과학과

아동건강 저널*Journal of Paediatrics and Child Health*》과 헷갈리면 안 된다.
《소아과학과 아동건강*Paediatrics and Child Health*》과도 헷갈리지 마라.

이 논문이 주장하는 고무젖꼭지의 장점 중 하나는 엄지손
가락과 달리 부모가 조절할 수 있다는 것이다. 그만 빨아야 할
시간이 되면 그냥 쑥 잡아 빼버리면 된다. (고무젖꼭지와 엄지손
가락의 차이는 또 있다. 고무젖꼭지는 나뭇가지에 줄줄이 걸어두고

하나씩 빼서 쓰면 된다. 하지만 엄지손가락이 줄줄이 걸려 있는 장면은 어째 좀 섬뜩할 것 같다.)

아기한테 빨 수 있는 물건을 주자는 생각은 현대인만 한 것이 아니다. 지중해 지역의 발굴 현장에서 3,000여 년 전에 만든—돼지, 개구리, 말 모양—점토상이 발견되었는데 구멍이 두 개였다. 한쪽은 채우는 용도이고 다른 쪽은 빨아내는 용도이다. 아마 그 안에 꿀을 넣었던 것 같다.

물론 요즘 아기에게 꿀은 금기 식품이다. 위험할 수 있다고 한다. 이 문제라면 앞에서 한 장을 따로 할애하여 설명했으니 지금까지 쭉 이 책을 읽은 독자라면 굳이 더 설명하지 않아도 다 알 것이다.

빠는 용도의 점토 용기라면 중세의 독일 문화권에서도 사용되었다. 화가 알브레히트 뒤러 Albrecht Dürer가 1506년에 제작한 그림 〈성모와 방울새〉에는 (그리 놀랍지 않게도) 성모와 (역시나 그리 놀랍지 않게도) 방울새가 등장한다. 하지만 이것이 전부는 아니어서 아기 예수도 그려져 있는데 오른손에 공갈젖꼭지를 들고 있다. 그러니까 뒤러는 이 그림의 제목을 '공갈젖꼭지를 손에 든 예수'라고 지을 수도 있었을 테지만 당시로선 잘 안 먹히는 제목이었을 것이다. 뒤러가 살았던 시대에 흔히 사용한 공갈젖꼭지는 면으로 만든 작은 주머니로, 그 안에 곡물죽·꿀·버터·생선·양귀비 씨앗·츠비박[빵을 썰어서 바삭바삭하게 다시 구운 간식]·설탕 같은 온갖 주전부리를 넣었다. 그 주머니를 브랜디에 담그기도 했으므로, 아기는 취하거나 몽롱해져서 얌전히 있었다(당연히 간에 문제도 생겼다). 이런 방식의 공갈젖꼭지가 독일어권 지역에서 널리 사용되다 보니 지역에 따라 이름도 다양했다.

요즘 독일에선 이 공갈젖꼭지를 흔히 누켈Nuckel, 누니Nunni, 두두Duddu라고 부르며 사람에 따라 다르게 부르기도 한다. 영국에선 '더미dummy'라고 부르고 미국에선 '패시파이어pacifier', 캐나다에선 '수더soother'라고 부른다. 모두 진정제라는 의미여서 아주 적절한 이름이다.

다들 짐작하겠지만 이 천으로 만든 젖꼭지는 상당히 비위생적이었다. 아기가 빨기 때문에 계속 침에 젖어 있는 데다 그 안에 든 곡식이 쉬어서 감염질환, 곰팡이질환, 충치 등을 유발했다. 하지만 의사와 약사들이 나서서 이 천 젖꼭지의 단점을 경고한 것은 18세기가 되어서였다. 특히 의학자 크리스토프 야코프 멜린Christoph Jakob Mellin은 이 천 젖꼭지가 턱의 성장을 방해한다고 경고했다. "계속 빨면 아기의 얼굴 형태가 망가진다. 주름이 지고 양쪽 턱에 불룩한 주머니가 생기고 입술이 축 늘어지고 발달이 덜 되며 짓무르는 일도 잦은데 (……) 이것이 공갈젖꼭지를 빠는 아기의 특징이다." 요즘엔 그런 문제가 생기지 않는다. (혹시 아기에게서 앞서 열거한 특징이 보이거든 당장 병원으로 데려가야 한다.) 속이 빈 고무젖꼭시를 사용하기 때문이다. 이 제품은 19세기에 발명되어 그동안 다양하게 개량되고 변모되었다. 아기 턱의 변형을 일으키지 않는 지금의 형태는 1950년 독일에서 개발되었다.

고무젖꼭지라고 해서 다 같은 고무젖꼭지가 아니다. 부모라면 알 것이다. 어떤 아기는 절대 안 빠는 젖꼭지를 다른 아기는 사족을 못 쓰고 찾는다. 부모는 자식한테는 무조건 최고만 주려 하고 기업은 이런 사정을 이용해 돈을 벌고자 하기 때문에 시중에는 다양한 형태와 색상, 크기의 고무젖꼭지가 나와 있다. 물론 아주 특별한 제품도 있다. 미국 특허청에 제품 번호 20180064612로 등록된 특수 발명품은 언어, 음악 다운로드가 가능하고 감시 기능을 갖춘 공갈젖꼭지다. 아기가 젖꼭지를 빨 때 마음을 안정시키는 소리, 음악, 이야기가 나올 수 있고, 부모가 원하면 외국어 등 학습 교재를 넣을 수도 있다. 또 땅에 떨어지면 찾기 쉽게 빛이 들어오기도 한다. 그뿐 아니라 아기가 빨지 않을 때 부모에게 알려주는 알림 기능도 갖추고 있다.

세상에는 시간을 들여 발명해서 정성껏 특허까지 낼 정도로 꼼꼼한 사람들이 참 많다. 그런데 왜 떨어뜨리면 불이 들어오면서 동시에 자동세척도 되는 그런 공갈젖꼭지는 아직 발명되지 않았을까? 자동세정 오븐과 자동세정 창유리도 있는데 약삭빠른 젖꼭지 발명가가 자동세척 젖꼭지를 개발하자는 생각을 못 했을 리 없잖은가. 아기 키우는 부모 입장에선 그저 감사할 따름일 텐데. 하지만 착각이었다. 특수 공갈젖꼭지를 찾아 헤매던 중 "항균 기능을 갖춘 자동세척 공갈젖꼭지"를 판다는 인터넷 사이트를 발견했다. 그러나 막상 들어가서 살펴보니 아기가 빨지 않으면 젖꼭지가 바로 마개로 들어가는 유치한 실리콘젖꼭지였다. 제목에서부터 '항균'과 '자동세척'을 주장한 웹사이트에는 제목 밑으로 "최소한의 세척이 필요합니다. 하루에 몇 번만 씻어주세요"라는 글자가 적혀 있었다. 이 비열한 사기꾼 같으니라고!

그러니까 우리 부모들은 아직 한동안 아기 고무젖꼭지를 제 손으로 씻어야 할 것 같다. 아내와 나는 딸이 한창 고무젖꼭지를 빨던 시절에는 여벌로 한 개씩을 더 가지고 다녔다. 혹시 밖에서 아이가 젖꼭지를 바닥에 떨어뜨리더라도 당황하지 않고 여벌을 사용했다. (그래서 지금도 곳곳에서 그 여벌 젖꼭지가 발견된다. 외투 주머니에서, 자동차 조수석 서랍에서, 배낭에서. 언제까지 나올지 아주 기대된다!) 그리고 정기적으로 사용한 젖꼭지를 다 모아서 물에 넣고 삶았다. 그사이 알게 된 것처럼 삶는 것도 좋은 소독법이다. 학자들도 삶는 것이 전자레인지,

세정제와 마찬가지로 젖꼭지 소독에 적합하다는 의견이니까 말이다. 하지만 학자들은 입에 넣어 빠는 건 세정 방법으로 권하지 않는다. 부모가 고무젖꼭지를 빨아 아기 입에 넣어주면 아기의 면역력이 강화된다는 증거도 확실하지 않다. 나아가 우리 입속 세균이 우리와 어떻게 동거하는지도 아직 정확히 밝혀지지 않은 사안이다. '독일 소아청소년과 의사 협회'의 대변인은 젖꼭지를 입에 넣는 방법은 다른 세정법이 전혀 없는 경우에만 사용하라고 권고한다.

───────────── 감사의 글 ─────────────

자료 조사를 도와주고 의학 자문을 해준 보훔 성요제프 병원의 토마스 뤼케 과장님과 푸아드 타흐리 씨에게 감사드립니다.

플로리안 글래싱, 안겔리카 리케, 릴리 리히터, 토마스 슈미트 씨에게도 긴밀한 협조에 감사드립니다.

멋진 아이디어와 조언으로 도움을 준 마르틴 쿤츠, 귀찮은 질문에도 흔쾌히 대답해주고 문장을 다듬어준 베티나 브라운과 자비나 파우엔 씨께도 감사합니다.

늘 든든한 버팀목이 되어주는 아내 레나에게 특별한 감사의 인사를 전합니다.

아에네아스 루흐

바닥에 떨어진 음식, 5초 안에 집어 먹으면 괜찮을까?

Aston University, Birmingham (2014). Researchers prove the five-second rule is real. http://www.aston.ac.uk/news/releases/2014/march/five-second-food-rule-does-exist/ (최종 확인일: 06. 02. 2019)

Behrens, C. (2018). Drei, zwei, eins, dreckig. Süddeutsche Zeitung. https://www.sueddeutsche.de/gesundheit/lebensmittel-hygiene-drei-zwei-eins-dreckig-1.1914944 (최종 확인일: 06. 02. 2019)

Dawson, P., Sheldon, B. (2018). The Science Behind The Five-Second Rule. https://www.sciencefriday.com/articles/the-science-behind-the-five-second-rule/ (최종 확인일: 20. 12. 2018)

Hahn, H., Kaufmann, S. H. E., Schulz, T. F., Suerbaum, S. (2008). Medizinische Mikrobiologie und Infektiologie (6. Auflage). Berlin: Springer. doi:10.1007/978-3-540-46362-7

Kaulen, H. (2015). Nicht nur Dschingis Khan—Männer mit vielen Nachkommen. Frankfurter Allgemeine Zeitung. https://www.faz.net/aktuell/wissen/leben-gene/nicht-nur-dschingis-khan-maenner-mit-vielen-nachkommen-13432760.html (최종 확인일: 06. 02. 2019)

Kayser, F. H. (2005). Medical Microbiology. Stuttgart: Thieme

Miranda, R. C., Schaffner, D. W. (2016). Longer contact times increase cross-contamination of enterobacter aerogenes from surfaces to food. Applied and Environmental Microbiology, 82, 6490-6496. doi:10.1128/AEM.01838-16

Skarnulis, L. (2007). »5-Second Rule« Rules, Sometimes. https://www.webmd.com/a-to-z-guides/features/5-second-rule-rules-sometimes-#1 (최종 확인일: 06.

02. 2019)

University of Illinois. College of Agricultural, Consumer and Environmental Sciences (2003). If You Drop It, Should You Eat It? Scientists Weigh In on the 5-Second Rule. https://aces.illinois.edu/news/if-you-drop-it-should-you-eat-it-scientists-weigh-5-second-rule (최종 확인일: 06. 02. 2019)

Vincenz-Donnelly, L. (2016). Stimmt die Fünf-Sekunden-Regel? Spektrum der Wissenschaft. https://www.spektrum.de/frage/stimmt-die-fuenf-sekunden-regel/1423994 (최종 확인일: 06. 02. 2019)

Zerjal, T., Xue, Y., Bertorelle, G., Wells, R. S., Bao, W., Zhu, S., Qamar, R., Ayub, Q., Mohyuddin, A., Fu, S., Li, P., Yuldasheva, N., Ruzibakiev, R., Xu, J., Shu, Q., Du, R., Yang, H., Hurles, M. E., Robinson, E., Gerelsaikhan, T., Dashnyam, B., Mehdi, S. Q., Tyler-Smith, C. (2003). The Genetic Legacy of the Mongols. American Journal of Human Genetics, 72(3), 717-721. doi:10.1086/367774. ISSN 0002-9297

2장 갓난아기는 정말 저절로 수영이 될까?

Alboni, P., Alboni, M., Gianfranchi, L. (2011). Diving bradycardia: a mechanism of defence against hypoxic damage. Journal of Cardiovascular Medicine, 12(6), 422-427. doi:10.2459/jcm.0b013e328344bcdc.

AXA Konzern AG. Thema Ertrinken: Wissenslücken bei Eltern. http://www.presseportal.de/pm/53273/2753566 (최종 확인일: 18. 03. 2019)

Baković, D., Eterović, D., Saratlija-Novaković, X., Palada, I., Valic, Z., Bilopavlović, N., Dujić, X. (2005). Effect of human splenic contraction on variation in circulating blood cell counts. Clinical and Experimental Pharmacology and Physiology, 32(11), 944-951. doi:10.1111/j.1440-1681.2005.04289.x.

Caspers, C. (2008). Der Tauchreflex: Lässt sich die Abnahme der Herzfrequenz mit einer einfachen mathematischen Funktion beschreiben? Dissertation zur Erlangung des Grades eines Doktors der Medizin der Medizinischen Fakultät der Heinrich-Heine-Universität Düsseldorf.

Centers for Disease Control and Prevention. U.S. Department of Health &

Human Services (2013). 10 Leading Causes of Injury Deaths by Age Group Highlighting Unintentional Injury Deaths, United States-2013. https://www. cdc.gov/injury/wisqars/leadingcauses.html (letz-ter Aufruf: 18. 3. 2019), https:// www.cdc.gov/injury/wisqars/pdf/leading_causes_of_injury_deaths_highlighting_ unintentional_injury_2013-a.pdf (최종 확인일: 18. 03. 2019)

Deutsche Lebens-Rettungs-Gesellschaft e. V. (DLRG) (2014). Merkblatt M3-001-14. Babyschwimmen & -tauchen. Hinweise und Stellungnahme der Medizinischen Leitung. http://www.dlrg.de/fileadmin/user_upload/DLRG.de/ Fuer-Mitglieder/Medizin/Merkblaetter_Medizin/Merkblatt_M3-001-14_.pdf (최종 확인일: 18. 03. 2019)

Deutsche Schwimmjugend (2005) 4. Fachtagung Säuglings- und Kleinkinderschwimmen

DocCheck. Paul-Bert-Effekt. https://flexikon.doccheck.com/de/Paul-Bert-Effekt (최종 확인일: 18. 03. 2019)

Goksör, E., Rosengren, L., Wennergren, G. (2002). Bradycardic response during submersion in infant swimming. Acta Paediatrica, 91(3), 307-312. doi:10.1111/ j.1651-2227.2002.tb01720.x.

Harding, P. E., Roman, D., & Whelan, R. F. (1965). Diving brady cardia in man. The Journal of Physiology, 181(2), 401-409

Heek, C. W. J. (2001). Untersuchungen zum Tauchreflex beim Menschen und zu Atemgrößen beim Gerätetauchen. Dissertation zur Erlangung des Grades eines Doktors der Medizin der Medizinischen Fakultät der Heinrich-Heine-Universität Düsseldorf

Lapi, D., Scuri, R., Colantuoni, A. (2016). Trigeminal cardiac reflex and cerebral blood flow regulation. Frontiers in Neuroscience, 10, 470. doi:10.3389/ fnins.2016.00470

Michael Panneton, W. (2013). The mammalian diving response: an enigmatic reflex to preserve life? Physiology, 28(5), 284-297. doi:10.1152/physiol.00020.2013

Muth, C.-M. Die Taucherheizung-oder: Warum es sich lohnt, einen eigenen Tauchanzug zu besitzen. DLRG Landesverband Westfalen-Referat Tauchen -Tauchmedizin. https://westfalen.dlrg.de/fileadmin/groups/13000000/ Download/Tauchen/Medizin/Tauchheizung.pdf (최종 확인일: 18. 03. 2019)

Pedroso, F. S., Riesgo, R. S., Gatiboni, T, Rotta, N. T. (2012). The diving reflex in healthy infants in the first year of life. Journal of Child Neurology. 27 (2): 168-71. doi:10.1177/0883073811415269.

Plagge, S. R. (2018). Die verkannte Gefahr—Kinder ertrinken leise. http://www. liliput-lounge.de/kinder/die-verkannte-gefahr-kinder-ertrinken-leise/ (최종 확인일: 18. 03. 2019)

Radermacher, P., & Muth, C. M. (2002). Apnoetauchen-Physiologie und Patho-physiologie. Deutsche Zeitschrift für Sportmedizin, 53(6)

Ruhr-Universität Bochum, Lehrstuhl für Sportmedizin und Sporternährung. Tauchreflex. http://vmrz0100.vm.ruhr-uni-bochum.de/spomedial/content/e866/e2442/e10003/e10010/e10201/e10214/index_ger.html (최종 확인일: 18. 03. 2019)

Scinexx (2012). Frage: Warum können Babys von Natur aus tauchen? http://www. scinexx.de/wissenswert-24-1.html (최종 확인일: 18. 03. 2019)

Thornton, S. J., & Hochachka, P. W. (2004). Oxygen and the diving seal. Undersea and Hyperbaric Medicine, 31(1), 81-95. PMID: 15233163

Wölfle, L. M., Hopfner, R. J., Debatin, K. M., Hummler, H. D., Fuchs, H. W., Schmid, M. B. (2013). Near-drowning during baby swimming lesson. Klinische Pädiatrie, 225(01), 45-45. doi:10.1055/s-0032-1329973

3장 보들보들 아기 피부의 비밀은?

Changizi, M., Weber, R., Kotecha, R., Palazzo, J. (2011). Are wet-induced wrinkled fingers primate rain treads? Brain, Behavior and Evolution, 77(4), 286-290. doi:10.1159/000328223

Cunnane, S. C., Crawford, M. A. (2003). Survival of the fattest: fat babies were the key to evolution of the large human brain. Comparative Biochemistry and Physiology Part A: Molecular & Integrative Physiology, 136(1), 17-26. doi:10.1016/S1095-6433(03)00048-5

Gentsch, A., Panagiotopoulou, E., Fotopoulou, A. (2015). Active interpersonal touch gives rise to the social softness illusion. Current Biology, 25(18), 2392-

2397. doi:10.1016/j.cub.2015.07.049

Haseleu, J., Omerbašić, D., Frenzel, H., Gross, M., Lewin, G. R. (2014). Water-induced finger wrinkles do not affect touch acuity or dexterity in handling wet objects. PloS one, 9(1), e84949. doi:10.1371/journal.pone.0084949.

Hoeger, P. H., Enzmann, C. C. (2002). Skin physiology of the neonate and young infant: a prospective study of functional skin parameters during early infancy. Pediatric Dermatology, 19(3), 256-262. doi:10.1046/j.1525-1470.2002.00082.x

Johnson & Johnson GmbH. Babyhaut: Warum sie was ganz Besonderes ist. https://www.penaten.de/babyhaut-warum-sie-was-ganz-besonderes-ist (최종 확인일: 26. 03. 2019)

Jukic, A. M., Baird, D. D., Weinberg, C. R., McConnaughey, D. R., Wilcox, A. J. (2013). Length of human pregnancy and contributors to its natural variation. Human Reproduction, 28(10), 2848-2855. doi:10.1093/humrep/det297

Kareklas, K., Nettle, D., Smulders, T. V. (2013). Water-induced finger wrinkles improve handling of wet objects. Biology Letters, 9(2), 20120999. doi:10.1098/rsbl.2012.0999

Meiri, S. (2011). Bergmann's Rule-what's in a name? Global Ecology and Biogeography, 20(1), 203-207. doi:10.1111/j.1466-8238.2010.00577.x

Meiri, S., Dayan, T. (2003). On the validity of Bergmann's rule. Journal of Biogeography, 30(3), 331-351. doi:10.1046/j.1365-2699.2003.00837.x

Quora. Why do babies have such soft skin? https://www.quora.com/Why-do-babies-have-such-soft-skin (최종 확인일: 26. 03. 2019)

Raab, J. (2011). Wasserleichen—eine Herausforderung für die forensischen Wissenschaften. http://wiki2.benecke.com/index.php%3Ftitle%3DSeminararbeit_Raab_2011 (최종 확인일: 26. 03. 2019)

Stamatas, G. N., Nikolovski, J., Luedtke, M. A., Kollias, N., Wiegand, B. C. (2010). Infant skin microstructure assessed in vivo differs from adult skin in organization and at the cellular level. Pediatric Dermatology, 27(2), 125-131. doi:10.1111/j.1525-1470.2009.00973.x

Visscher, M. O., Adam, R., Brink, S., Odio, M. (2015). Newborn infant skin: physiology, development, and care. Clinics in Dermatology, 33(3), 271-280. doi:10.1016/j.clindermatol.2014.12.003

Yong, E. (2011). Pruney fingers grip better. Nature. doi:10.1038/news.2011.388. https://www.nature.com/news/2011/110628/full/news.2011.388.html (최종 확인일: 26. 03. 2019)

4장 이유식은 왜 당근으로 시작할까?

Abeshu, M. A., Lelisa, A., & Geleta, B. (2016). Complementary Feeding: Review of Recommendations, Feeding Practices, and Adequacy of Homemade Complementary Food Preparations in Developing Countries—Lessons from Ethiopia. Frontiers in Nutrition, 3, 41. doi:10.3389/fnut.2016.00041

Alexy, U., Kersting, M. (2006). Empfehlungen für die Ernährung im Beikostalter. Schweizer Zeitschrift für Ernährungsmedizin, 01/2006, 25-30

Fritz, D. (2015). Babys erster Brei: Warum mit Karotte anfangen? https://www. rund-ums-baby.de/ernaehrung/babys-erster-brei-mit-karotte-anfangen.htm (최종 확인일: 04. 02. 2019)

Gastroinfoportal (2014). Käse ohne Farbstoff: Ein Trend? https://www. gastroinfoportal.de/news/gastroinfoportal-food/kaese-ohne-farbstoff-ein-trend-173866573 (최종 확인일: 21. 03. 2019)

Hilbig, A., Alexy, U., Kersting, M. (2014). Beikost in Form von Breimahlzeiten oder Fingerfood. Monatsschrift Kinderheilkunde, 162, 616-622. doi:10.1007/s00112-014-3090-0

Inoue, M., Binns, C. W. (2014). Introducing solid foods to infants in the Asia Pacific region. Nutrients, 6(1), 276-88. doi:10.3390/nu6010276

Kersting, M., Hilbig, A. (2015). Gesunde Ernährung von Anfang an. Niedersächsisches Institut für frühkindliche Bildung und Entwicklung e. V. https://www.nifbe.de/component/themensammlung?view=item&id=543&catid =85&showall=1&limitstart (최종 확인일: 04. 02. 2019)

Kersting, M., Kalhoff, H., Lücke, T. (2017). Das neue FKE lebt—Kinderernährung und Pädiatrie gehören zusammen. Ernährung & Medizin, 32(01), 7-8. doi:10.1055/s-0043-103649

Marcin, A. (2018). What Is Extrusion Reflex? https://www.healthline.com/health/

parenting/extrusion-reflex (최종 확인일: 21. 03. 2019)

Muhimbula, H. S., Issa-Zacharia, A. (2010). Persistent child malnutrition in Tanzania: Risks associated with traditional complementary foods (A review). African Journal of Food Science, 4(11), 679 692

Nippon diaries (2015). Okuizome—Das erste Mahl. http://rinchan-kyoto.blogspot.com/2015/06/okuizome-das-erste-mahl.html (최종 확인일: 04. 02. 2019)

Nordrheinischer Berufsverband der Kinder- und Jugendärzte (BVKJ No) (2017). Kinder-und Jugendärzte: Baby-led Weaning kann schaden! https://www.kinderaerzte-im-netz.de/news-archiv/meldung/article/kinder-und-jugendaerzte-baby-led-weaning-kann-schaden/ (최종 확인일: 04. 02. 2019)

Pantel, N. (27. 03. 2015): 100-Tage-Geburtstag in Japan. Süddeutsche Zeitung. https://www.sueddeutsche.de/leben/woanders-ists-anders-tage-geburtstag-in-japan-1.2409393 (최종 확인일: 04. 02. 2019)

Sayed, N., Schönfeldt, H. C. (2018). A review of complementary feeding practices in South Africa. South African Journal of Clinical Nutrition, 1-8. doi:10.1080/16070658.2018.1510251

Schmid, S. (2016). Babys: So entstehen Vorlieben beim Essen. https://www.baby-und-familie.de/Beikost/Babys-So-entstehen-Vorlieben-beim-Essen-331133.html (최종 확인일: 04. 02. 2019)

Tabibito - Japan Almanach (2011). Okuizome—Das erste Mahl. https://www.tabibito.de/japan/blog/2011/05/29/okuizome_das_erste_mahl/ (최종 확인일: 04. 02. 2019)

The Mother and Child Health and Education Trust (2017). Complementary Feeding Guidelines. http://motherchildnutrition.org/india/complementary-feeding-guidelines.html (최종 확인일: 04. 02. 2019)

Tovar, C. (2017). Fingerfood für Babys umstritten. https://www1.wdr.de/wissen/mensch/baby-led-weaning-ernaehrung-fingerfood-100.html (최종 확인일: 04. 02. 2019)

Yu, P., Denney, L., Zheng, Y., Vinyes-Parés, G., Reidy, K. C., Eldridge, A. L., Wang, P., Zhang, Y. (2016). Food groups consumed by infants and toddlers in urban areas of China. Food & Nutrition Research, 60(1). doi:10.3402/fnr.v60.30289

Ashley, M. (2001). It's only teething ⋯ a report of the myths and modern approaches to teething. British Dental Journal, 191(1), 4. doi:10.1038/sj.bdj.4801078a

Babycenter. Diaper rash. https://www.babycenter.com/0_diaper-rash_81.bc (최종 확인일: 18. 03. 2019)

Barlow, B. S., Kanellis, M. J., Slayton, R. L. (2002). Tooth eruption symptoms: a survey of parents and health professionals. Journal of Dentistry for Children, 69(2), 148-150

Brusie, C. (2016). What's the Relationship Between Teething and Diaper Rash? https://www.healthline.com/health/parenting/teething-and-diaper-rash (최종 확인일: 18. 03. 2019)

Coreil, J., Price, L., Barkey, N. (1995). Recognition and management of teething diarrhea among Florida pediatricians. Clinical Pediatrics, 34(11), 591-596. doi:10.1177%2F000992289503401104

DenBesten, P. (2000). Is teething associated with diarrhea? Western Journal of Medicine, 173(2), 137. PMCID: PMC1071026

Gammon, K. (2014). Chew This: What Does Science Tell Us About Teething? https://www.popsci.com/blog-network/kinderlab/chew-what-does-science-tell-us-about-teething (최종 확인일: 18. 03. 2019)

Graham, E. A., Domoto, P. K., Lynch, H., Egbert, M. A. (2000). Dental injuries due to African traditional therapies for diarrhea. Western Journal of Medicine, 173(2), 135-137. PMCID: PMC1071025

Hartston, W. (1993). Good Questions: Teething—the bottom line. Independent Digital News & Media. https://www.independent.co.uk/arts-entertainment/good-questions-teething-the-bottom-line-1504446.html (최종 확인일: 18. 03. 2019)

Healthline. Do Babies Sleep More While Teething? https://www.healthline.com/health/parenting/sleep-more-while-teething (최종 확인일: 18. 03. 2019)

Healthline. Teething and a Runny Nose: Is This Normal? https://www.healthline.com/health/parenting/teething-and-runny-nose (최종 확인일: 18. 03. 2019)

Healthline. Teething and Vomiting: Is This Normal? https://www.healthline.com/health/parenting/teething-and-vomiting (최종 확인일: 18. 03. 2019)

Kozuch, M., Peacock, E., D'Auria, J. P. (2015). Infant teething information on the world wide web: taking a byte out of the search. Journal of Pediatric Health Care, 29(1), 38-45. doi:10.1016/j.pedhc.2014.06.006

Kruszelnicki, K. (2010). Teething toddlers down in mouth. http://www.abc.net.au/science/articles/2010/11/09/3061620.htm (최종 확인일: 18. 03. 2019)

Macknin, M. L., Piedmonte, M., Jacobs, J., & Skibinski, C. (2000). Symptoms associated with infant teething: a prospective study. Pediatrics, 105(4), 747-752

Markman, L. (2009). Teething: facts and fiction. Pediatrics in Review, 30(8), e59. doi:10.1542/pir.30-8-e59

Massignan, C., Cardoso, M., Porporatti, A. L., Aydinoz, S., Canto, G. D. L., Mezzomo, L. A. M., Bolan, M. (2016). Signs and symptoms of primary tooth eruption: a meta-analysis. Pediatrics, 137(3), e20153501. doi:10.1542/peds.2015-3501

McIntyre, G. T., McIntyre, G. M. (2002). Teething troubles? British Dental Journal, 192(5), 251. doi:10.1038/sj.bdj.4801349a

Owais, A. I., Zawaideh, F., Bataineh, O. (2010). Challenging parents' myths regarding their children's teething. International Journal of Dental Hygiene, 8(1), 28-34. doi:10.1111/j.1601-5037.2009.00412.x

Ramos-Jorge, J., Ramos-Jorge, M. L., Martins-Júnior, P. A., Corrêa-Faria, P., Pordeus, I. A., Paiva, S. M. (2013). Mothers' reports on systemic signs and symptoms associated with teething. Journal of Dentistry for Children, 80(3), 107-110

Sarrell, E. M., Horev, Z., Cohen, Z., Cohen, H. A. (2005). Parents' and medical personnel's beliefs about infant teething. Patient Education and Counseling, 57(1), 122-125. doi:10.1016/j.pec.2004.05.005

Schniebel, B. (2018). Wenn Babys zahnen: Hilfe für die ersten Zähne. https://www.hallo-eltern.de/baby/zahnen/ (최종 확인일: 18. 03. 2019)

Senger, E. (2016). 7 teething myths. https://www.todaysparent.com/baby/teething/7-teething-myths/ (최종 확인일: 18. 03. 2019)

Taylor, H. 6 Weird Teething Symptoms You Should Know About. https://www.

mightymoms.club/weird-teething-symptoms/ (최종 확인일: 18. 03. 2019)

The mommy's coach. Teething and Diaper Rash—Is There a Link? https://www. themommyscoach.com/teething-diaper-rashes/ (최종 확인일: 18. 03. 2019)

Verret, G. Diaper Rash: The Bottom Line on Baby Bottoms. Children's Hospital Los Angeles. https://www.chla.org/blog/rn-remedies/diaper-rash-the-bottom-line-baby-bottoms (최종 확인일: 18. 03. 2019)

Wake, M., Hesketh, K. (2002). Teething symptoms: cross sectional survey of five groups of child health professionals. The BMJ, 325(7368), 814. doi:10.1136/bmj.325.7368.814

Wake, M., Hesketh, K., Lucas, J. (1998). Teething symptoms: views across five groups of child health professionals. Journal of Paediatrics and Child Health, 52, A13

Wake, M., Hesketh, K., Lucas, J. (2000). Teething and tooth eruption in infants: a cohort study. Pediatrics, 106(6), 1374-1379

6장 아빠도 젖을 먹일 수 있다고?

Bässler, R. (2013). Pathologie der Brustdrüse. Berlin: Springer.

Billis, S., Geist, P. (2016). Neun Monate (3/9): Sexualität—wir alle sind Zwitter. WDR. https://www1.wdr.de/wissen/mensch/geschlecht100.html (최종 확인일: 14. 05. 2019)

Brehm, M. (2018). Können auch Männer stillen? Hallo Eltern. https://www.hallo-eltern.de/papa/auch-maenner-koennen-stillen-theoretisch/ (최종 확인일: 14. 05. 2019)

Darwin, C. (1871). Die Abstammung des Menschen (4). Stuttgart: Alfred Kröner.

Deutsche Apotheker Zeitung (2002). »Wundermittel«: DHEA - ein Hormon mit vielfältigen Wirkungen. 8, 34. https://www.deutsche-apotheker-zeitung.de/daz-az/2002/daz-8-2002/uid-5535 (최종 확인일: 27. 08. 2019)

Diamond, J. (1995). Father's Milk: From goats to people, males can be mammary mammals, too. Discover Magazine. http://discovermagazine.com/1995/feb/fathersmilk468 (최종 확인일: 14. 05. 2019)

Ette, O. (2015). Unterwegs in allen Kulturen. Altamerikanistik bis Zoologie: Was der »Nomade« Alexander von Humboldt mit seinen Reisen bewegt hat. Der Tagesspiegel.

Frauenärzte im Netz (2018). Brustentwicklung & Bildung von Muttermilch. https://www.frauenaerzte-im-netz.de/schwangerschaft-geburt/stillen/brustentwicklung-muttermilch/ (최종 확인일: 14. 05. 2019)

Gelbe Liste Online. Medizinische Medien Informations GmbH. Domperidon. https://www.gelbe-liste.de/wirkstoffe/Domperidon_766 (최종 확인일: 14. 05. 2019)

Glenza, J. (2018). Transgender woman able to breastfeed in first documented case. The Guardian. https://www.theguardian.com/science/2018/feb/14/transgender-woman-breastfeed-health (최종 확인일: 14. 05. 2019)

Hamzelou, J. (2018). Transgender woman is first to be able to breastfeed her baby. New Scientist. https://www.newscientist.com/article/2161151-transgender-woman-is-first-to-be-able-to-breastfeed-her-baby/ (최종 확인일: 14. 05. 2019)

Herden, B. So entstehen Männer, Frauen und alles dazwischen. Stern.de. https://www.stern.de/gesundheit/sexualitaet/grundlagen/geschlecht-so-entstehen-maenner--frauen-und-alles-dazwischen-3447298.html (최종 확인일: 14. 05. 2019)

Jeges, O. (2013). Auch Männer können stillen. Welt. https://www.welt.de/print/die_welt/vermischtes/article112395779/Auch-Maenner-koennen-stillen.html (최종 확인일: 14. 05. 2019)

Kunz, T., Hosken, D. (2009). Male lactation: why, why not and is it care? Trends in Ecology & Evolution. 24(2): 80-85. doi:10.1016/j.tree.2008.09.009. PMID 19100649.

Lohaus, S. (2013). Papa kann auch stillen. Die Zeit. https://www.zeit.de/lebensart/partnerschaft/2013-02/partnerschaft-gleichberechtigung-baby-stillen (최종 확인일: 14. 05. 2019)

Mannders (2007). Stillende Männer. Uni-Protokolle. http://www.uni-protokolle.de/foren/viewt/132978,0.html (최종 확인일: 14. 05. 2019)

Mayo Clinic (2017). DHEA. https://www.mayoclinic.org/drugs-supplements-dhea/art-20364199 (최종 확인일: 14. 05. 2019)

Nawroth, F. (2019). Hyperprolaktinämie. Der Gynäkologe. 52(7), 529-537. doi:10.1007/s00129-019-4453-3

News.de. Von wegen schön!: Diese Sängerin hat drei Brustwarzen! http://www.news.de/promis/855552017/schoenheitsmakel-bei-megan-fox-ashton-kutcher-lilly-allen-vier-nippel-und-halbe-finger-darunter-leiden-die-stars/2/ (최종 확인일: 14. 05. 2019)

Rank, A. (2018). Auch ehemalige Männer können stillen. Deutschlandfunknova. https://www.deutschlandfunknova.de/nachrichten/transgender-auch-maenner-koennen-stillen (최종 확인일: 14. 05. 2019)

Reisman, T., Goldstein, Z. (2018). Case report: Induced lactation in a transgender woman. Transgender Health, 3(1), 24-26. doi:10.1089/trgh.2017.0044

Rosenkranz, P. (2018). Vererbung des Geschlechts. Planet Wissen. https://www.planet-wissen.de/natur/anatomie_des_menschen/vererbung/pwievererbungdesgeschlechts100.html (최종 확인일: 14. 05. 2019)

Scholl, M. (2014). Fünf Dinge, die viele Männer nicht über ihren Körper wissen. Focus. https://www.focus.de/gesundheit/ratgeber/potenz/5-ueberraschende-fakten-was-viele-maenner-noch-nicht-ueber-ihren-koerper-wussten_id_3742935.html (최종 확인일: 14. 05. 2019)

Pschyrembel online. Prolaktin. https://www.pschyrembel.de/Prolaktin/K0HRQ (최종 확인일: 05. 09. 2019)

Schorsch, A. (2009). Ist männliche Milchbildung möglich? N-TV. https://www.n-tv.de/wissen/frageantwort/Ist-maennliche-Milchbildung-moeglich-article295582.html (최종 확인일: 14. 05. 2019)

Spiegel-Online (2011). Die Prügelpromis: Vor laufender Kamera. Der Spiegel. http://www.spiegel.de/fotostrecke/die-groessten-tv-ausraster-amok-auf-der-mattscheibe-fotostrecke-107259-7.html (최종 확인일: 14. 05. 2019)

Spoerri, D. (1996). Geheimnisvolle weiße Nieren. Der Spiegel. http://www.spiegel.de/spiegel/spiegelspecial/d-8904499.html (최종 확인일: 14. 05. 2019)

Süddeutsche (2018). Neue Therapie ermöglicht Transfrau das Stillen. https://www.sueddeutsche.de/wissen/medizinischer-durchbruch-neue-therapie-ermoeglicht-transfrau-das-stillen-1.3871620 (최종 확인일: 14. 05. 2019)

Swaminathan, N. (2007). Strange but True: Males Can Lactate. Scientific

American. https://www.scientificamerican.com/article/strange-but-true-males-
can-lactate/ (최종 확인일: 14. 05. 2019)

Trube, C. (2018). Hexenmilch: Wenn Babys Milch produzieren. Hallo Eltern.
https://www.hallo-eltern.de/baby/hexenmilch/ (최종 확인일: 14. 05. 2019)

von Humboldt, A. (1819). Voyage aux régions équinoxiales du Nouveau Continent
fait en 1799, 1800, 1801, 1802, 1803 et 1804 par Al[exandre] de Humboldt et
A[imé] Bonpland. Paris: Schoell/Maze/Smith. https://gallica.bnf.fr/ark:/12148/
bpt6k61298j/f384.image.r=lozano (최종 확인일: 14. 05. 2019)

von Humboldt, A. (2008): Die Forschungsreisen in die Tropen Amerikas.
Darmstadt: Wissenschaftliche Buchgesellschaft

Voos, D. (2017). Prolaktin: Das Milchhormon. Apotheken-Umschau. https://www.
apotheken-umschau.de/laborwerte/prolaktin (최종 확인일: 14. 05. 2019)

Westhoff, J. (2017). Keine unnütze Verzierung. Deutschlandfunk. https://www.
deutschlandfunk.de/maennliche-brustwarzen-keine-unnuetze-verzierung.709.
de.html?dram:article_id=383053 (최종 확인일: 14. 05. 2019)

Wissen.de. Können Männer stillen? https://www.wissen.de/video/koennen-
maenner-stillen (최종 확인일: 14. 05. 2019)

Yeginsu, C. (2018). Transgender Woman Breast-Feeds Baby After Hospital
Induces Lactation. NY Times. https://www.nytimes.com/2018/02/15/health/
transgender-woman-breast-feed.html (최종 확인일: 14. 05. 2019)

7장 아기에게 절대 꿀은 안 됩니다!

Abdulla, C. O., Ayubi, A., Zulfiquer, F., Santhanam, G., Ahmed, M. A. S. (2012).
Infant botulism following honey ingestion. BMJ Case Reports. doi:10.1136/
bcr.11.2011.5153

Adlerberth, I., Wold, A. E. (2009). Establishment of the gut microbiota in
Western infants. Acta Paediatrica, 98(2), 229-238. doi:10.1111/j.1651-
2227.2008.01060.x

Bundesinstitut für Risikobewertung (2015): Fragen und Antworten zu Botulismus.
Aktualisierte FAQ des BfR. https://bfr.bund.de/cm/343/fragen-und-antworten-

zu-botulismus.pdf (최종 확인일: 16. 12. 2018)

Bundesinstitut für Risikobewertung: Hinweise für Verbraucher zum Botulismus durch Lebensmittel. https://www.bfr.bund.de/cm/350/hinweise_fuer_verbraucher_zum_botulismus_durch_lebensmittel.pdf (최종 확인일: 16. 12. 2018)

Bundesinstitut für Risikobewertung: Selbst hergestellte Kräuteröle und in Öl eingelegtes Gemüse bergen gesundheitliche Risiken. Mitteilung Nr. 001/2016 des BfR vom 04. Januar 2016. https://mobil.bfr.bund.de/cm/343/selbst-hergestellte-kraeuteroele-und-in-oel-eingelegte-gemuese-bergen-gesundheitliche-risiken.pdf (최종 확인일: 16. 12. 2018)

Chalk, C. H., Benstead, T. J., Keezer, M. (2014). Medical treatment for botulism. Cochrane Database of Systematic Reviews, 2. Art. No.: CD008123. doi:10.1002/14651858. CD008123.pub3

Costello, E. K., Stagaman, K., Dethlefsen, L., Bohannan, B. J. M., Relman, D. A. (2012). The Application of Ecological Theory Toward an Understanding of the Human Microbiome. Science, 336(6086), 1255-1262. doi:10.1126/science.1224203

Deutscher Bundestag (2001): Plötzlicher Kindstod durch Botulismus-Erreger. Drucksache 14/6666 vom 06.07.2001. Bonn: Bundesanzeiger Verlagsgesellschaft. http://dipbt.bundestag.de/dip21/btd/14/066/1406666.pdf (최종 확인일: 21. 03. 2019)

Deutscher Imkerbund e. V. (2017). Jahresbericht 2016/2017. Wachtberg

Fenicia, L, Anniballi, F. (2009). Infant botulism. Annali dell'Istituto Superiore di Sanità, 45(2), 134-146. PMID: 19636165

Infant Botulism Treatment and Prevention Programme. http://www.infantbotulism. org/contact/international.php (최종 확인일: 16. 12. 2018)

Pfausler, B. (2017). S1-Leitlinie Botulismus. In: Deutsche Gesellschaft für Neurologie (Ed.): Leitlinien für Diagnostik und Therapie in der Neurologie. https://www.dgn.org/leitlinien/3491-1l-030-109-2017-botulismus (최종 확인일: 16. 12. 2018)

Quinn, K. K., Cherry, J. D., Shah, N. R., Christie, L. J. (2013). A 3-monthold Boy With Concomitant Respiratory Syncytial Virus Bronchiolitis and Infant Botulism. The Pediatric Infectious Disease Journal, 32(2), 195. doi:10.1097/

INF.0b013e3182756276

Säuglingsbotulismus: Honig ist eine Gefahr für Babys (2016). https://www.dak.de/
dak/gesundheit/saeuglingsbotulismus-1658694.html (최종 확인일: 16. 12. 2018)

Stoll, A. (2014). Säuglingsbotulismus: Kein Honig für Babys! https://www.onmeda.
de/g-kinder/saeuglingsbotulismus-3359.html (최종 확인일: 16. 12. 2018)

von der Ohe, W. (2001). Das Bieneninstitut Celle informiert. 14. Niedersächsisches
Landesinstitut für Bienenkunde

Waseem, M. (2018). Pediatric Botulism. https://emedicine.medscape.com/
article/961833-overview#showall (최종 확인일: 16. 12. 2018)

Werzin, L.-M., Resch, B. (2015). Das Mikrobiom des Neugeborenen. Eine
Literaturrecherche über den aktuellen Wissensstand der neonatalen
Mikrobiomforschung. Pädiatrie & Pädologie, 50(4), 160-167. doi:10.1007/
s00608-015-0289-9

8장 엄마 아빠는 왜 아기에게 혀 짧은 소리를 낼까?

Bartels, S., Darcy, I., Höhle, B. (2009). Schwa syllables facilitate word segmentation
for 9-month-old German-learning infants. In: Chandlee, J., Franchini, M.,
Lord, S., et al. (Eds.), BUCLD 33: Proceedings of the 33rd Annual Boston
University Conference on Language Development. Somerville M.A.: Cascadilla
Press, 73-84.

Best, C. T., Mc Roberts, G. W., Sithole, N. M. (1988). Examination of Perceptual
Reorganization for Nonnative Speech Contrasts: Zulu Click Discrimination
by English-Speaking Adults and Infants. Journal of Experimental Psychology:
Human Perception and Performance, 14(3), 345-360. doi:10.1037/0096-
1523.14.3.345

Blawat, K. (2017). Guck mal, eine Ba-na-ne! Süddeutsche Zeitung. https://www.
sueddeutsche.de/wissen/eltern-kind-kommunikation-guck-mal-eine-ba-na-
ne-1.3614953 (최종 확인일: 5. 3. 2019)

Bortfeld, H., Morgan, J. L., Golinkoff, R. M., Rathbun K. (2005). Mommy and
me: familiar names help launch babies into speech-stream segmentation.

Psychological Science, 16, 298-304. doi:10.1111/j.0956-7976.2005.01531.x

Burnham, D., Francis, E., Vollmer-Conna, U., Kitamura, C., Averkiou, V., Olley, A., Nguyen, M., Paterson, C. (1998). Are you my little pussy-cat? acoustic, phonetic and affective qualities of infant- and pet-directed speech. In: Fifth International Conference on Spoken Language Processing

Burnham, D., Kitamura, C. (2003). Pitch and communicative intent in mothers speech: adjustments for age and sex in the first year. Infancy, 4, 85-110. doi:10.1207/S15327078IN0401_5

Burnham, D., Kitamura, C., Vollmer-Conna, U. (2002). What's new pussycat? On talking to babies and animals. Science, 296, 1435. doi:10.1126/science.1069587

Chong, S. C. F., Werker, J. F., Russell, J. A., Carroll, J. M. (2003). Three facial expressions mothers direct to their infants. Infant and Child Development: An International Journal of Research and Practice, 12(3), 211-232. doi:10.1002/icd.286

Fernald, A., Morikawa, H. (1993). Common themes and cultural variations in Japanese and American mothers' speech to infants. Child Development, 64(3), 637-656. doi:10.1111/j.1467-8624.1993.tb02933.x

Fernald, A., Taeschner, T., Dunn, J., Papousek, M., Boysson-Bardies, B., Fukui, I. (1989). A cross-language study of prosodic modifications in mothers' and fathers' speech to preverbal infants. Journal of Child Language, 16, 477-501. doi:10.1017/S0305000900010679

Fernald, A. (1985). Four-month-old infants prefer to listen to motherese. Infant Behavior and Development, 8(2), 181-195. doi:10.1016/S0163-6383(85)80005-9

Floccia, C., Keren-Portnoy, T., DePaolis, R., Duffy, H., Delle Luche, C., Durrant, S. et al. (2016). British English infants segment words only with exaggerated infant-directed speech stimuli. Cognition, 148, 1-9. doi:10.1016/j.cognition.2015.12.004

Golinkoff, R. M., Can, D. D., Soderstrom, M., Hirsh-Pasek, K. (2015). (Baby) talk to me: the social context of infant-directed speech and its effects on early language acquisition. Current Directions in Psychological Science, 24, 339-

344. doi:10.1177/0963721415595345

Imai, M., Kita, S. (2014). The sound symbolism bootstrapping hypothesis for language acquisition and language evolution. Philosophical Transactions of the Royal Society B: Biological Sciences, 369(1651), 20130298. doi:10.1098/rstb.2013.0298

Kalashnikova, M., Carignan, C., Burnham, D. (2017). The origins of babytalk: smiling, teaching or social convergence. Royal Society Open Science, 4(8), 170306. doi:10.1098/rsos.170306

Kuhl, P., Andruski, J. E., Chistovich, I. A., Chistovich, L. A., Kozhevnikova, E. V., Ryskina, V. L., Stolyarova, E. L., Sundberg, U., Lacerda, F. (1997). Cross-language analysis of phonetic units in language addressed to infants. Science, 277(5326), 684-686. doi:10.1126/science.277.5326.684

Laing, C. E. (2017). A perceptual advantage for onomatopoeia in early word learning: Evidence from eye-tracking. Journal of Experimental Child Psychology, 161, 32-45. doi:10.1016/j.jecp.2017.03.017

Laing, C. E., Vihman, M., Keren-Portnoy, T. (2017). How salient are onomatopoeia in the early input? A prosodic analysis of infant-directed speech. Journal of Child Language, 44(5), 1117-1139. doi:10.1017/S0305000916000428

Ota, M., Skarabela, B. (2018). Reduplication facilitates early word segmentation. Journal of Child Language, 45(1), 204-218. doi:10.1017/S0305000916000660

Pohl, M., Grijzenhout, J. (2014). Perceptual reorganization and stop contrast discrimination in the first and second year of life. Paper presented at the 13th International Congress for the Study of Child Language IASCL. Amsterdam, NL.

Song, J. Y., Demuth, K., Morgan, J. (2010). Effects of the acoustic properties of infant—directed speech on infant word recognition. The Journal of the Acoustical Society of America, 128(1), 389-400. doi:10.1121/1.3419786.

Tardif, T., Fletcher, P., Liang, W., Zhang, Z., Kaciroti, N., Marchman, V. A. (2008). Baby's first 10 words. Developmental Psychology, 44(4), 929. doi:10.1037/0012-1649.44.4.929

Thiessen, E. D., Hill, E. A., Saffran, J. R. (2005). Infant—directed speech facilitates word segmentation. Infancy, 7(1), 53-71. doi:10.1207/s15327078in0701_5

Trainor, L. J., Austin, C. M., Desjardins, R. N. (2000). Is infant-directed speech prosody a result of the vocal expression of emotion? Psychological Science, 11(3), 188-195. doi:10.1111/1467-9280.00240

Werker, J. F., Lalonde, C. E. (1988). Cross-language speech perception: Initial capabilities and developmental change. Developmental Psychology, 24(5), 672-683. doi:10.1037/0012-1649.24.5.672

Werker, J. F., Tees, R. C. (1984). Cross-language speech perception: Evidence for perceptual reorganization during the first year of life. Infant Behavior and Development, 7(1), 49-63. doi:10.1016/S0163-6383(84)80022-3

Zahner, K., Schoenhuber, M., Braun, B. (2016). The limits of metrical segmentation: intonation modulates infants' extraction of embedded trochees. Journal of Child Language, 43(6), 1338-1364. doi:10.1017/S0305000915000744

Zahner, K., Schönhuber, M., Grijzenhout, J., Braun, B. (2016). Konstanz prosodically annotated infant-directed speech corpus (KIDS Corpus). Paper presented at the 8th International Conference on Speech Prosody. Boston, MA

9장 기지 않는 우리 아이, 무슨 문제라도?

Adolph, K. E., Cole, W. G., Komati, M., Garciaguirre, J. S., Badaly, D., Lingeman, J. M., Chan, G. L. Y., Sotsky, R. B. (2012). How Do You Learn to Walk? Thousands of Steps and Dozens of Falls per Day. Psychological Science, 23(11), 1387-1394. doi:10.1177/0956797612446346

Adolph, K. E., Karasik, L. B., Tamis-LeMonda, C. S. (2012). Moving Between Cultures: Cross-Cultural Research on Motor Development. In: Bornstein, M. (Ed.): Handbook of cross-cultural developmental science, Vol. 1, Domains of development across cultures. Hove: Psychology Press

Bornstein, M. H., Hahn, C.-S., Suwalsky, J. T. D. (2013). Physically Developed and Exploratory Young Infants Contribute to Their Own LongTerm Academic Achievement. Psychological Science, 24(10), 1906-1917. doi:10.1177/0956797613479974

Caravale, B., Mirante, N., Vagnoni, C., Vicari, S. (2012). Change in cognitive abilities over time during preschool age in low risk preterm children. Early Human Development, 88(6), 363-367. doi:10.1016/j.earlhumdev.2011.09.011

Den Ouden, L., Rijken, M., Brand, R., Verloove-Vanhorick, S. P., Ruys, J. H. (1991). Is it correct to correct? Developmental milestones in 555 »normal« preterm infants compared with term infants. The Journal of Pediatrics, 118(3), 399-404. doi:10.1016/S0022-3476(05)82154-7

Formiga, C., Martins Roberto, K., Vieira, M. E. B., Linhares, M. B. M. (2015). Developmental assessment of infants born preterm: comparison between the chronological and corrected ages. Journal of Human Growth and Development, 25(2), 230-236. doi:10.7322/JHGD.103020

Jeng, S.-F., Yau, K.-I. T., Liao, H.-F., Chen, L.-C., Chen, P.-S. (2000). Prognostic factors for walking attainment in very low-birthweight preterm infants. Early Human Development, 59(3), 159-173. doi:10.1016/S0378-3782(00)00088-8

Kretch, K. S., Franchak, J. M., Adolph, K. E. (2014). Crawling and Walking Infants See the World Differently. Child Development, 85, 1503-1518. doi:10.1111/cdev.12206

Lücke, T. (2017). Gesunde Entwicklung und Entwicklungsstörungen im ersten Lebensjahr. Monatsschrift Kinderheilkunde, 165(4), 288-300. doi:10.1007/s00112-017-0264-6

Mondschein, E. R., Adolph, K. E., Tamis-LeMonda, C. S. (2000). Gender Bias in Mothers' Expectations about Infant Crawling. Journal of Experimental Child Psychology, 77(4), 304-316. doi:10.1006/jecp.2000.2597

Moreira, R. S., Magalhães, L. C., Alves, C. R. L. (2014). Effect of preterm birth on motor development, behavior, and school performance of school-age children: a systematic review. Jornal de Pediatria, 90(2), 119-134. doi:10.1016/j.jped.2013.05.010

Pauen, S., Heilig, L., Danner, D., Haffner, J., Tettenborn, A., Roos, J. (2012). Milestones of Normal Development in Early Years (MONDEY): Konzeption und Überprüfung eines Programms zur Beobachtung und Dokumentation der frühkindlichen Entwicklung von 0-3 Jahren. Frühe Bildung, 1, 64-70. doi:10.1026/2191-9186/a000032

Pin, T., Eldridge, B., Galea, M. P. (2007). A review of the effects of sleep position, play position, and equipment use on motor development in infants. Developmental Medicine & Child Neurology, 49, 858-867. doi:10.1111/j.1469-8749.2007.00858.x

Righetti, L., Nylén, A., Rosander, K., Ijspeert, A. J. (2015). Kinematic and Gait Similarities between Crawling Human Infants and Other Quadruped Mammals. Frontiers in Neurology, 6, 17. doi:10.3389/fneur.2015.00017

Roth, A., Krombolz, H. (2016). Meilensteine der motorischen Entwicklung. Panelstudie zur motorischen Entwicklung von Kindern in den ersten zwei Lebensjahren. München: Staatsinstitut für Frühpädagogik. http://digital.bib-bvb.de/webclient/DeliveryManager?pid=10625448 (최종 확인일: 10. 11. 2018)

Taylor, B. (2002). Babywalkers. British Medical Journal (Clinical research ed.), 325(7365), 612. PMCID: PMC1124148

van Haastert, I. C., de Vries, L. S., Helders, P. J. M., Jongmans, M. J. (2006). Early gross motor development of preterm infants according to the Alberta Infant Motor Scale. The Journal of Pediatrics, 149(5), 617-622. doi:10.1016/j.jpeds.2006.07.025

Walle, E. A.; Campos, J. J. (2014). Infant language development is related to the acquisition of walking. Developmental Psychology, 50(2), 336-348. doi:/10.1037/a0033238

WHO Multicentre Growth Reference Study Group, de Onis, M. (2006).

WHO Motor Development Study: windows of achievement for six gross motor development milestones. Acta Paediatrica, 95, 86-95. doi:10.1080/08035320500495563

10장 왜 아기 똥은 색깔이 다채로울까?

Ahanya, S. N., Lakshmanan, J., Morgan, B. L., Ross, M. G. (2005). Meconium passage in utero: mechanisms, consequences, and management. Obstetrical & Gynecological Survey, 60(1), 45-56. doi:10.1097/01.ogx.0000149659.89530.c2

Bäckhed, F., Roswall, J., Peng, Y., Feng, Q., Jia, H., Kovatcheva-Datchary, P.,

Li, Y., Xia, Y., Xie, H., Zhong, H., Khan, M. T., Zhang, J., Li, J., Xiao, L., Al-Aama, J., Zhang, D., Shiuan Lee, Y., Kotowska, D., Colding, C., Tremaroli, V., Yin, Y., Bergman, S., Xu, X., Madsen, L., Kristiansen, K., Dahlgren, J., Wang, J. (2015). Dynamics and Stabilization of the Human Gut Microbiome during the First Year of Life. Cell Host & Microbe, 17(5), 690-703. doi:10.1016/j.chom.2015.04.004

Braun, J. M., Daniels, J. L., Poole, C., Olshan, A. F., Hornung, R., Bernert, J. T., Xia, Y., Bearer, C., Boyd Barr, D., Lanphear, B. P. (2010). A prospective cohort study of biomarkers of prenatal tobacco smoke exposure: the correlation between serum and meconium and their association with infant birth weight. Environmental Health, 9, 53. doi:10.1186/1476-069X-9-53

Corazziari, E., Staiano, A., Miele, E., Greco, L. (2005). Bowel frequency and defecatory patterns in children: a prospective nationwide survey. Clinical Gastroenterology and Hepatology, 3(11), 1101-6. PMID:16271341

Fontana, M., Bianchi, C., Cataldo, F., Conti Nibali, S., Cucchiara, S., Gobio Casali, L., Iacono, G., Sanfilippo, M., Torre, G. (1989). Bowel frequency in healthy children. Acta Paediatrica, 78(5), 682-4. PMID:2688353

Hunter, W. What color is your baby poop? babyscience.info. http://babyscience.info/what-color-is-your-baby-poop/ (최종 확인일: 10. 11. 2018)

Kim, K. O., Gluck, M. (2019). Fecal Microbiota Transplantation: An Update on Clinical Practice. Clinical Endoscopy, 52, 137-143. doi:10.5946/ce.2019.009

Steven, A., Frese, D., Mills, A. (2015). Birth of the Infant Gut Microbiome: Moms Deliver Twice! Cell Host & Microbe, 17(5), 543-544. doi:10.1016/j.chom.2015.04.014

Tham, E. B., Nathan, R., Davidson, G. P., Moore, D.J. (1996). Bowel habits of healthy Australian children aged 0-2 years. Journal of Paediatrics and Child Health, 32(6), 504-7

Wiswell, T. E., Gannon, C. M. et al. (2000). Delivery room management of the apparently vigorous meconium-stained neonate: results of the multicenter, international collaborative trial. Pediatrics, 105(1), 1-7

AMBOSS GmbH. Atemwege und Lunge. https://www.amboss.com/de/wissen/ Atemwege_und_Lunge (최종 확인일: 21. 03. 2019)

Ärzteblatt (2015). Neue Studie überrascht Allergologen. https://www.aerzteblatt.de/ nachrichten/63098/Neue-Studie-ueberrascht-Allergologen (최종 확인일: 21. 03. 2019)

Berufsverband der Kinder- und Jugendärzte e. V. (2011). Kinder- und Jugendärzte warnen: Nüsse und Mandeln nicht für Kinder unter vier Jahren. https:// www.kinderaerzte-im-netz.de/news-archiv/meldung/article/kinder-und-jugendaerzte-warnen-nuesse-und-mandeln-nicht-fuer-kinder-unter-vier-jahren/ (최종 확인일: 21. 03. 2019)

Deutsche Gesellschaft für Ernährung (2015). Update Säuglingsernährung - Handlungsempfehlungen liefern klare Antworten für Eltern. DGEinfo, 5, 71-74. https://www.dge.de/ernaehrungspraxis/bevoelkerungsgruppen/saeuglinge/ update-saeuglingsernaehrung/ (최종 확인일: 21. 03. 2019)

Concepcion, E. (2018). Pediatric Airway Foreign Body. https://emedicine.medscape. com/article/1001253-overview#showall (최종 확인일: 21. 03. 2019)

Du Toit, G., Roberts, G., Sayre, P. H., Bahnson, H. T., Radulovic, S., Santos, A. F., Turcanu, V. (2015). Randomized trial of peanut consumption in infants at risk for peanut allergy. New England Journal of Medicine, 372(9), 803-813. doi:10.1056/NEJMoa1414850

Eich, C., Nicolai, T., Hammer, J., Deitmer, T., Schmittenbecher, P., Schubert, K. P., Bootz, F. (2016). Interdisziplinäre Versorgung von Kindern nach Fremdkörperaspiration und Fremdkörperingestion. Laryngo-RhinoOtologie, 95(05), 321-331. doi:10.1055/s-0042-102614

Nicolai, T. (2017). Hat der Dreijährige etwas aspiriert? MMW—Fortschritte der Medizin, 159(15), 41-43. doi:10.1007/s15006-017-0008-5

Perkin, M. R., Logan, K., Tseng, A., Raji, B., Ayis, S., Peacock, J., Flohr, C. (2016). Randomized trial of introduction of allergenic foods in breastfed infants. New England Journal of Medicine, 374(18), 1733-1743. doi:10.1056/ NEJMoa1514210

Ruhr-Universität Bochum (2006). Die Hülle beweist: Die Walnuss ist wirklich eine Nuss. http://www.pm.ruhr-uni-bochum.de/pm2006/msg00255.htm (최종 확인일: 21. 03. 2019)

Singh, H., Parakh, A. (2014). Tracheobronchial foreign body aspiration in children. Clinical Pediatrics, 53(5), 415-419. doi:10.1177/0009922813506259

Warshawsky, M. E. (2015). Foreign Body Aspiration. https://emedicine.medscape.com/article/298940-overview#showall (최종 확인일: 21. 03. 2019)

12장 태아기름막은 천연 살균보습제!

Blume-Peytavi, U., Cork, M. J., Faergemann, J., Szczapa, J., Vanaclocha, F., Gelmetti, C. (2009). Bathing and cleansing in newborns from day 1 to first year of life: recommendations from a European round table meeting. Journal of the European Academy of Dermatology and Venereology, 23(7), 751-9. doi:10.1111/j.1468-3083.2009.03140.x.

DocCheck: Käseschmiere. http://flexikon.doccheck.com/de/K%C3%A4seschmiere (최종 확인일: 05. 02. 2019)

Hoath, S. B., Pickens, W. L., Visscher, M. O. (2006). The biology of vernix caseosa. International Journal of Cosmetic Science, 28, 319-333. doi:10.1111/j.1467-2494.2006.00338.x

Míková, R., Vrkoslav, V., Hanus, R., Háková, E., Hábová, Z., et al. (2014). Newborn Boys and Girls Differ in the Lipid Composition of Vernix Caseosa. PLOS ONE 9(6), e99173. doi:10.1371/journal.pone.0099173

n-tv. Künstliche Käseschmiere: Hilfe bei Hautverletzungen, 21. 3. 2009. http://www.n-tv.de/wissen/Hilfe-bei-Hautverletzungen-article62597.html (최종 확인일: 05. 02. 2019)

Singh, G., & Archana, G. (2008). Unraveling the mystery of vernix caseosa. Indian Journal of Dermatology, 53(2), 54-60. doi:10.4103/0019-5154.41645

swissmom: Käseschmiere. https://www.swissmom.ch/baby/medizinisches/das-neugeborene/kaeseschmiere/ (최종 확인일: 05. 02. 2019)

Tollin, M., Jägerbrink, T., Haraldsson, H., Agerberth, B., Jörnvall, H. (2006).

Proteome Analysis of Vernix Caseosa. Pediatric Research, 60, 430-434. doi:10.1203/01.pdr.0000238253.51224.d7

Visscher, M. O., Narendran, V., Pickens, W. L., LaRuffa, A. A., MeinzenDerr, J., Allen, K., Hoath, S. B. (2005). Vernix Caseosa in Neonatal Adaptation. Journal of Perinatology, 25, 440-446. doi:10.1038/sj.jp.7211305

13장 아기는 젖 먹고 꼭 트림을 해야 할까?

Aschenheim, E. (1913): Rumination und Pylorospasmus. Zeitschrift für Kinderheilkunde, 8(1), 161-166. doi:10.1007/BF02087127

Babymag. Bäuerchen und Aufstossen: viel Luft um Nichts? https://www.babymag. ch/de/bebe-0-1-an/bien-etre-sante/baeuerchen-und-aufstossen-viel-luft-um-nichts (최종 확인일: 21. 03. 2019)

Beliebte Vornamen. Sind Speikinder wirklich Gedeihkinder? https://www.beliebte-vornamen.de/9769-speikinder.htm (최종 확인일: 21. 03. 2019)

Benaroch, R. (2016). Is burping really necessary? Grandma versus science! The Pediatric Insider. https://pediatricinsider.wordpress.com/2016/08/22/is-burping-really-necessary-grandma-versus-science/ (최종 확인일: 21. 03. 2019)

Bolin, T. (2013). Wind: problems with intestinal gas. Australian Family Physician, 42(5), 280-283.

Deutsche Gesellschaft für Gesundheitsinformationen im Netz. Saures Aufstoßen (beim Baby): Prävention. https://www.sodbrennen-wissen.de/sodbrennen/saures-aufstossen-beim-baby/praevention (최종 확인일: 21. 03. 2019)

Facebook. Mein Tag am Wiener Praterstern. https://www.facebook.com/photo.php?fbid=10153325869356892&set=a.10150369768846892 (최종 확인일: 21. 03. 2019)

Guinnessworldrecords. Loudest burp, male. www.guinnessworldrecords.com/world-records/80129-loudest-burp-male (최종 확인일: 21. 03. 2019)

Heute. Wiener Kebap-Rülpser muss keine Strafe zahlen. https://www.heute. at/oesterreich/wien/story/Wiener-Kebap-Ruelpser-muss-keine-Strafe-zahlen-57320996 (최종 확인일: 21. 03. 2019)

Hipp. Hilfe mein Baby ist nur noch am Rülpsen!!!! https://www.hipp.de/forum/ viewtopic.php?t=10132 (최종 확인일: 21. 03. 2019)

Howland, G. (2019). How to Burp a Baby: Top 10 Baby Burping Tips. https://www. mamanatural.com/how-to-burp-baby/ (최종 확인일: 21. 03. 2019)

Kaur, R., Bharti, B., Saini, S. K. (2015). A randomized controlled trial of burping for the prevention of colic and regurgitation in healthy infants. Child: Care, Health and Development, 41(1), 52-56. doi:10.1111/cch.12166

Kidshealth. Burping Your Baby. https://kidshealth.org/en/parents/burping.html (최종 확인일: 21. 03. 2019)

Krisch, J. A. (2018). Scientific Data Shows Burping Your Baby Isn't Helping. https:// www.fatherly.com/health-science/scientific-research-burping-babies-not-helpful/ (최종 확인일: 21. 03. 2019)

Kurier. Rülpser am Praterstern: Verfahren gegen Barkeeper eingestellt. https:// kurier.at/chronik/wien/ruelpser-am-wiener-praterstern-verfahren-gegen-barkeeper-eingestellt/259.660.994 (최종 확인일: 21. 03. 2019)

Lang, I. M. (2016). The physiology of eructation. Dysphagia, 31(2), 121-133. doi:10.1007/s00455-015-9674-6

Mamiweb. Rülpsen eure Kleinen auch manchmal so laut? https://www.mamiweb. de/fragen/gesundheit/babyalter/3464881_ruelpsen-eure-kleinen-auch-manchmal-so-laut.html (최종 확인일: 21. 03. 2019)

Monatsschrift Kinderheilkunde (2004). Gastroösophagealer Reflux. Monatsschrift Kinderheilkunde, 152(9), 951-951. doi:10.1007/s00112-004-1019-8

Mundmische. Speikinder sind Gedeihkinder. https://www.mundmische.de/ bedeutung/30228-Speikinder_sind_Gedeihkinder (최종 확인일: 21. 03. 2019)

Netmoms. Baby ist ständig am aufstoßen???????????? https://www.netmoms.de/ fragen/detail/baby-ist-staendig-am-aufstossen-21860224 (최종 확인일: 21. 03. 2019)

Norris, T. Illustrated Guide for Burping Your Sleeping Baby. https://www.healthline. com/health/how-to-burp-a-sleeping-baby (최종 확인일: 21. 03. 2019)

ORF. Anstandsverletzung: 70 Euro Strafe für Rülpser. https://wien.orf.at/news/ stories/2758718/ (최종 확인일: 21. 03. 2019)

Prell, C., Koletzko, S. (2011). Gastroösophageale Refluxkrankheit im Kindes- und

Jugendalter. Der Gastroenterologe, 6(6), 461-470. doi:10.1007/s11377-010-0509-6

Pschyrembel online. Magenblase. https://www.pschyrembel.de/Magenblase/K0DHL/doc/ (최종 확인일: 21. 03. 2019)

Radke, M., & Riemann, J. F. (2011). Braucht Deutschland Kindergastroenterologen? Der Gastroenterologe, 6(6), 459-460.doi:10.1007/s11377-011-0559-4

Raue, W. (2018). Wenn die Luft raus ist: Diese Rülps-Fakten sollten Sie kennen. https://www.onmeda.de/magazin/ruelpsen-und-aufstossen.html (최종 확인일: 21. 03. 2019)

Rothenberg, M. Bäuerchen machen - hilft es Babys wirklich? https://www.brigitte.de/familie/schlau-werden/baeuerchen-machen--laut-studie-hat-es-keinen-effekt-auf-babys-10851570.html (최종 확인일: 21. 03. 2019)

Ryu, H. S., Choi, S. C., Lee, J. S. (2014). Belching (eructation). The Korean Journal of Gastroenterology, 64(1), 4-9. doi:10.4166/kjg.2014.64.1.4

Sanders, L. (2016). Maybe you don't need to burp your baby. https://www.sciencenews.org/blog/growth-curve/maybe-you-dont-need-burp-your-baby (최종 확인일: 21. 03. 2019)

Siegel, S. A. (2016). Aerophagia induced reflux in breastfeeding infants with ankyloglossia and shortened maxillary labial frenula (tongue and lip tie). International Journal of Clinical Pediatrics, 5(1), 6-8. doi:10.14740/ijcp246w

Swissmom. Speien. https://www.swissmom.ch/baby/medizinisches/ist-mein-baby-krank/speien/ (최종 확인일: 21. 03. 2019)

Swissmom. Das »Görpsli«—wann und wie? https://www.swissmom.ch/baby/stillen/so-klappt-es-mit-dem-stillen/das-goerpsli/ (최종 확인일: 21. 03. 2019)

Urbia. Sehr lautes Bäuerchen. https://www.urbia.de/forum/9-baby/4326667-sehr-lautes-baeuerchen (최종 확인일: 21. 03. 2019)

Urbia. Hilfe: Rülpsen ⋯ Bitte Tipps! https://www.urbia.de/forum/9-baby/4895111-hilfe-ruelpsen-bitte-tipps (최종 확인일: 21. 03. 2019)

Urbia. Lena mag nicht rülpsen. https://www.urbia.de/forum/9-baby/459023-lena-mag-nicht-ruelpsen (최종 확인일: 29. 12. 2018)

Urbia. Warum rülpst mein Enkelkind so viel? https://www.urbia.de/forum/3-kleinkind/2350850-warum-ruelpst-mein-enkelkind-so-viel (최종 확인일: 21.

03. 2019)

Wahrig Herkunftswörterbuch. Bäuerchen. https://www.wissen.de/wortherkunft/ baeuerchen (최종 확인일: 21. 03. 2019)

14장 엄마 아빠의 침이 살균 소독에 효과가 있다고?

Abou-Jaoude, E., Sitarik, A., Havstad, S., Ownby, D., Jones K., Kim, H., Joseph, C., Zoratti, E. (2018). Association between pacifier cleaning methods and child total ige. Annals of Allergy, Asthma & Immunology, 121(5), S47. https://doi. org/10.1016/j.anai.2018.09.148

Alm, B., Wennergren, G., Möllborg, P., Lagercrantz, H. (2016). Breastfeeding and dummy use have a protective effect on sudden infant death syndrome. Acta Paediatrica, 105(1), 31-8. doi:10.1111/apa.13124

Balaban, R., Cruz Câmara, A., Barros Ribeiro Dias Filho, E., Andrade Pereira, M., Menezes Aguiar, C. (2018). Infant sleep and the influence of a pacifier. International Journal of Paediatric Dentistry, 28(5), 481-489. doi:10.1111/ ipd.12373

Baker, E., Masso, S., McLeod, S., Wren, Y. (2018). Pacifiers, Thumb Sucking, Breastfeeding, and Bottle Use: Oral Sucking Habits of Children with and without Phonological Impairment. Folia Phoniatrica et Logopaedica, 70, 165-173. doi:10.1159/000492469

Beck, J. (2018). Dem plötzlichen Kindstod auf der Spur. Volksstimme. https:// www.volksstimme.de/sachsen-anhalt/medizinforschung-dem-ploetzlichen-kindstod-auf-der-spur (최종 확인일: 14. 05. 2019)

Berufsverbands der Kinder- und Jugendärzte e. V. (2013). Schnuller des Babys nicht ablecken. https://www.kinderaerzte-im-netz.de/news-archiv/meldung/ article/schnuller-des-babys-nicht-ablecken/ (최종 확인일: 10. 11. 2018)

Burger, K. (2015). Ist zu viel Hygiene schuld an Allergien? https://www.spektrum. de/news/ist-zu-viel-hygiene-schuld-an-allergien/1389433 (최종 확인일: 10. 11. 2018)

Canadian Paediatric Society (2003). Pacifiers (soothers): A user's guide for parents.

Paediatrics & Child Health, 8(8), 520-530. doi:10.1093/pch/8.8.520

Castilho, S. D., Rocha, M. A. M. (2009). Pacifier habit: history and multidisciplinary view. Jornal de Pediatria, 85(6), 480-489. doi:10.1590/S0021-75572009000600003

Comina, E., Marion, K., Renaud, F. N., Dore, J., Bergeron, E., Freney, J. (2006). Pacifiers: a microbial reservoir. Nursing & Health Sciences, 8(4),216-223. doi:10.1111/j.1442-2018.2006.00282.x

Deutscher Bundesverband für Logopädie e. V. (dbl). Störung des Lauterwerbs. https://www.dbl-ev.de/kommunikation-sprache-sprechen-stimme-schlucken/stoerungen-bei-kindern/stoerungsbereiche/sprache/stoerung-des-lauterwerbs.html (최종 확인일: 10. 11. 2018)

Felzer, P. E. Was Sie noch nicht über Schnuller wissen. https://www.aponet.de/service/nai/2012/12b/was-sie-noch-nicht-ueber-schnuller-wissen.html (최종 확인일: 10. 11. 2018)

Hauck, F. R., Omojokun, O. O., Siadaty, M. S. (2005). Do pacifiers reduce the risk of sudden infant death syndrome? A meta-analysis. Pediatrics, 116(5), 716-23. doi:10.1542/peds.2004-2631

Helmholtz Zentrum München - Deutsches Forschungszentrum für Gesundheit und Umwelt GmbH (2018). Die Hygienehypothese. https://www.allergieinformationsdienst.de/immunsystem-allergie/risikofaktoren/die-hygienehypothese.html (최종 확인일: 28. 03. 2019)

Jaafar, S. H., Jahanfar, S., Angolkar, M., Ho, J. J. (2011). Pacifier use versus no pacifier use in breastfeeding term infants for increasing duration of breastfeeding. Cochrane Database Systematic Reviews, 16(3). doi:10.1002/14651858.CD007202.pub2

Molepo, J., & Molaudzi, M. (2015). Contamination and disinfection of silicone pacifiers: an in vitro study. South African Dental Journal, 70(8), 351-353

Nelson-Filho, P., da Silva, L. A. B., da Silva, L. L., Ferreira, P. D. F., Ito, I. Y. (2011). Efficacy of microwaves and chlorhexidine on the disinfection of pacifiers and toothbrushes: an in vitro study. Pediatric Dentistry, 33(1), 10-13

Nelson-Filho, P., Louvain, M. C., Macari, S., Lucisano, M. P., Silva, R. A. B. D., Queiroz, A. M. D., Silva, L. A. B. D. (2015). Microbial contamination and disinfection methods of pacifiers. Journal of Applied Oral Science, 23(5), 523-528. doi:10.1590/1678-775720150244

O'Connor, N. R., Tanabe, K. O., Siadaty, M. S., Hauck, F. R. (2009). Pacifiers and breastfeeding: a systematic review. Archives of Pediatrics & Adolescent Medicine, 163(4), 378-82. doi:10.1001/archpediatrics.2008.578.

Pharmazeutische Zeitung online (2018). Ablutschen doch kein Tabu für Eltern. https://www.pharmazeutische-zeitung.de/ablutschen-doch-kein-tabu-fuer-eltern/ (최종 확인일: 10. 11. 2018)

Psaila, K., Foster, J. P., Pulbrook, N., Jeffery, H. E. (2017). Infant pacifiers for reduction in risk of sudden infant death syndrome (protocol). Cochrane Database of Systematic Reviews, 7. doi:10.1002/14651858.CD011147

Staatliche Berufsfachschule für Logopädie am Universitätsklinikum Regensburg. Störungsbilder. http://www.logopaedieschule-regensburg.de/Patienten_blind/Storungsbilder/storungsbilder.htm (최종 확인일: 10. 11. 2018)

Statistisches Bundesamt (2017). Todesursachen in Deutschland 2015. Fachserie 12, Reihe 4. https://www.destatis.de/DE/Themen/Gesellschaft-Umwelt/Gesundheit/Todesursachen/Publikationen/Downloads-Todesursachen/todesursachen-2120400157004.pdf?_blob=publicationFile&v=5 (최종 확인일: 28. 03. 2019)

United States Patent Application 20180064612. Pacifier with download able voice and music and monitoring capabilities. http://www.freepatentsonline.com/y2018/0064612.html (최종 확인일: 10. 11. 2018)

Westerhaus, C. (2013). Der Mensch und seine Bakterien. https://www.swr.de/swr2/wissen/mensch-bakterien/-/id=661224/did=11057000/nid=661224/1rs0ghw/index.html (최종 확인일: 10. 11. 2018)

Wipplinger, J. (2017). Schnuller ablecken: Schutz vor Allergien? Cochrane Österreich. https://www.medizin-transparent.at/schnuller-ablecken (최종 확인일: 10. 11. 2018)

World Health Organization. Ten Steps to Successful Breastfeeding. https://www.unicef.org/newsline/tensps.htm (최종 확인일: 10. 11. 2018)

Zimmer, S. (2014). Schnuller ablecken: Hilfreich oder gefährlich? Informationsstelle für Kariesprophylaxe des Deutschen Arbeitskreises für

Zahnheilkunde. https://www.kariesvorbeugung.de/aktuell/article/schnuller-ablecken-hilfreich-oder-gefaehrlich-1.html (최종 확인일: 10. 11. 2018)

Zimmerman, E., Thompson, K. (2015). Clarifying nipple confusion. Journal of Perinatology, 35(11), 895. doi:10.1038/jp.2015.83

Zuralski, H. E. (2013). Klinische Studie zur Bewertung der kieferorthopädischen Bedeutung eines neuartigen Schnullers bei 27 Monate alten Kindern. Dissertation zur Erlangung des Grades eines Doktors der Zahnmedizin der Medizinischen Fakultät der Heinrich-Heine-Universität Düsseldorf

육아는 과학입니다

초판 1쇄 발행 2022년 9월 25일

지은이 아에네아스 루흐
옮긴이 장혜경

펴낸이 이혜경
펴낸곳 니케북스
출판등록 2014년 4월 7일 제300-2014-102호
주소 서울시 종로구 새문안로 92 광화문 오피시아 1717호
전화 (02) 735-9515~6
팩스 (02) 6499-9518
전자우편 nikebooks@naver.com
블로그 nikebooks.co.kr
페이스북 www.facebook.com/nikebooks
인스타그램 www.instagram.com/nike_books

한국어판출판권 ⓒ 니케북스, 2022

ISBN 979-11-89722-62-3 (03590)

책값은 뒤표지에 있습니다.
잘못된 책은 구입한 서점에서 바꿔 드립니다.